普通高等教育"十二五"规划教材

Web 程序设计技术
(ASP. NET)

饶志坚　缪祥华　主编

中国林业出版社

内 容 简 介

本书以通俗的语言、丰富的实例，详细介绍了 ASP.NET 网站开发技术。全书共分 9 章，包括 Web 程序设计概述、Web 程序设计基础、ASP.NET 基础、ASP.NET 的内置对象、ASP.NET 服务器控件、ADO.NET 数据库操作、在 ASP.NET 中使用 XML、Web 服务、ASP.NET 网站项目环境配置与部署等。每章都有大量的实例和实验习题，让读者通过具体例子快速掌握相关知识，并通过练习得到巩固，提高动手能力。

本书结构合理、条理清晰、实例丰富、图文对照，可以作为高等院校计算机科学与技术、信息管理与信息系统、电子商务、网络工程等相关专业 Web 技术课程教材，也可供从事 Web 程序设计相关工作的技术人员自学参考。

图书在版编目（CIP）数据

Web 程序设计技术（ASP.NET）/饶志坚，缪祥华主编.—北京：中国林业出版社，2015.2
普通高等教育"十二五"规划教材
ISBN 978-7-5038-7820-6

Ⅰ.①W… Ⅱ.①饶…②缪… Ⅲ.①网页制作工具-程序设计-高等学校-教材 Ⅳ.①TP393.092

中国版本图书馆 CIP 数据核字（2015）第 005059 号

中国林业出版社·教育出版分社

责任编辑：张东晓

电话：（010）83143560　　　　　传真：（010）83143516

出版发行	中国林业出版社（100009　北京市西城区德内大街刘海胡同7号） E-mail: jiaocaipublic@163.com　电话：（010）83143500 http://lycb.forestry.gov.cn
经　销	新华书店
印　刷	中国农业出版社印刷厂
版　次	2015 年 2 月第 1 版
印　次	2015 年 2 月第 1 次印刷
开　本	850mm×1168mm　1/16
印　张	12.75
字　数	326 千字
定　价	26.00 元

未经许可，不得以任何方式复制或抄袭本书之部分或全部内容。

版权所有　侵权必究

《Web 程序设计技术(ASP.NET)》编写人员

主　　编：饶志坚　缪祥华

副 主 编：吴兴勇　吴文斗　陈韬伟

编写人员：（按姓氏拼音排列）

陈韬伟（云南财经大学）

高　泉（云南农业大学）

黄生健（云南农业大学）

缪祥华（昆明理工大学）

饶志坚（云南农业大学）

吴文斗（云南农业大学）

吴兴勇（云南农业大学）

杨红凌（云南农业大学）

张海涛（云南农业大学）

朱晓丽（云南农业大学）

前言

ASP.NET 是 Microsoft 公司创建服务器端 Web 应用程序的新一代技术，它构建在 Microsoft.NET Framework 基础之上，.NET Framework 聚合了紧密相关的多种新技术，彻底改变了从数据库访问到分布式应用程序的所有内容。而 ASP.NET 是.NET Framework 中最重要的部件之一，用户通过它可以开发出高性能的 Web 应用程序。

ASP.NET 4.0 在语言和技术上弥补了 ASP.NET 2.0 的不足，提供了很多新的控件和特色以提升开发人员的工作效率。与之相应的 Visual Studio 2010 除保持与旧版本相同的特点外，还提供了大量新的特色性帮助。本书全面介绍了基于 Visual Studio 2010 环境下的 ASP.NET 技术及其开发与使用，站在实用角度深入浅出地分析了该技术的各个要求。

本书是作者根据多年从事网络程序设计工作的经验和讲授信息管理与信息系统专业相关课程的教学实践基础上编写而成的。书中精选了大量的示例，代码中均有中文注释，所有示例均在 Visual Studio 2010 开发环境下调试通过。

全书分为9章。第1~3章为基础篇，主要内容包括 Web 程序设计概述、Web 程序设计基础、ASP.NET 基础，通过本篇的学习，读者可以掌握 Web 技术的基础架构和客户端常用开发技术；第4~6章为核心篇，主要内容包括 ASP.NET 的内置对象、ASP.NET 服务器控件、ADO.NET 数据库操作，通过本篇的学习，读者能够开发出小型的 Web 应用程序，掌握数据库以及网站的页面设计；第7~9章为提高篇，主要内容包括在 ASP.NET 中使用 XML、Web 服务、ASP.NET 网站项目环境配置与部署，通过本篇的学习，读者可以掌握 XML 文档的处理、Web 服务的建立及引用，将自己开发的应用程序部署到用户的服务器上。

本书第1章由陈韬伟编写，第2章由饶志坚编写，第3章由朱晓丽编写，第4章由张海涛编写，第5章由黄生健编写，第6章由高泉编写，第7章由缪祥华编写，第8章由吴文斗、吴兴勇编写，第9章由杨红凌编写，全书由饶志坚统稿。书中的代码由云南农业大学研究生协助编写与整理。

本书在编写过程中，得到了云南省多所高校多位领导和专家的指导与帮助，在此表示深深的谢意！书中参考和引用了许多国内外文献资料，在此也一并表示衷心的感谢！

由于本教材内容涉及面广，Web 技术发展日新月异，加之编者水平有限，书中难免存在错误和疏漏之处，希望广大读者批评指正。

编 者
2014 年 11 月

目 录

第1章 Web 程序设计概述 (1)
    1.1 Internet 与 WWW 概述 (1)
    1.2 Web 概述 (5)
    1.3 B/S 结构 (9)

第2章 Web 程序设计基础 (13)
    2.1 HTML 语言 (13)
    2.2 CSS 样式表 (24)
    2.3 XML (31)
    2.4 JavaScript (34)

第3章 ASP.NET 基础 (47)
    3.1 .NET 平台 (47)
    3.2 建立 ASP.NET 开发环境 (51)
    3.3 创建 ASP.NET Web 应用程序 (54)
    3.4 ASP.NET 应用程序页面 (57)
    3.5 ASP.NET 页面结构 (58)
    3.6 Page 类 (63)
    3.7 资源文件夹 (65)
    3.8 母版页 (66)
    3.9 主题与外观的应用 (72)
    3.10 HTML 表单和 Web 窗体 (76)
    3.11 ASP.NET Web 项目路径 (78)
    3.12 Web.config 配置文件 (80)
    3.13 Global.asax 的文件配置 (86)

第4章 ASP.NET 的内置对象 (91)
    4.1 ASP.NET 内置对象简介 (91)
    4.2 Response 对象 (91)
    4.3 Request 对象 (93)
    4.4 Application 对象 (97)
    4.5 Session 对象 (98)
    4.6 Server 对象 (100)
    4.7 Cookies 集合 (102)

第5章 ASP.NET 服务器控件 (105)
- 5.1 ASP.NET 服务器控件概述 (105)
- 5.2 ASP.NET 服务器标准控件 (108)
- 5.3 导航控件 (131)
- 5.4 服务器数据验证控件 (138)

第6章 ADO.NET 数据库操作 (146)
- 6.1 ADO.NET 简述 (146)
- 6.2 ADO.NET 访问数据库 (147)
- 6.3 数据源控件 (151)
- 6.4 数据绑定控件 (155)

第7章 在 ASP.NET 中使用 XML (161)
- 7.1 XML 简介 (161)
- 7.2 基于流的 XML 处理 (163)
- 7.3 内存中的 XML 处理 (166)
- 7.4 对象的 XML 序列化与反序列化 (170)

第8章 Web 服务 (175)
- 8.1 Web Service 的基本概念 (175)
- 8.2 创建 Web Service (176)
- 8.3 运行 Web Service 服务 (178)
- 8.4 定义 Web Service 的方法 (179)
- 8.5 通过 ASP.NET 调用 Web Service (181)

第9章 ASP.NET 网站项目环境配置与部署 (185)
- 9.1 IIS Web 服务器的安装与配置 (185)
- 9.2 网站发布 (189)

参考文献 (196)

第 1 章　Web 程序设计概述

本章学习目标

本章介绍 Web 程序设计技术相关概念及客户端技术，通过本章的学习，读者应该掌握以下内容：
- Web 基本概念。
- HTTP 协议。
- Browser/Server 架构。
- 客户端 Web 技术。

1.1　Internet 与 WWW 概述

1.1.1　Internet 概述

1.1.1.1　Internet 定义

Internet 中文正式译名为因特网，又称为国际互联网，是一个在美国诞生、在世界范围内迅速发展起来的计算机网络系统，它是一种全球的、开放的信息互联网络，将分布在世界各地的计算机采用开放互联协议连接在一起，用来进行数据传输、信息交换和资源共享。

从用户观点看，Internet 是一个统一的网络，连接在 Internet 上的所有计算机都有一个唯一的 IP 地址，每一台计算机都可以与连接在网上的任意一台计算机进行通信；从网络通信技术的观点看，Internet 是一个应用 TCP/IP 通信协议的网络，是连接各个国家、各个部门、各个机构计算机及网络的通信网；从信息资源的观点看，Internet 是集成各个领域各种信息资源为一体的供网上用户共享的数据资源网。

总之，Internet 是众多不同的网络及用户通过互联设备而组成的世界范围的计算机网络，是一个连接世界各国的特大网络。

1.1.1.2　Internet 的基本结构

Internet 是一个计算机网络，主要由以下部分组成：

（1）通信线路

通信线路是 Internet 的基础设施，是将信号从一个地方传送到另一个地方的信号通道，包括有线线路和无线线路。通信线路的传输能力一般用"数据传输速率"来描述。更为形象地描述通信线路的传输能力的术语是带宽，带宽越宽，传输速度就越快。

（2）网络通信设备

数据在网络中是以"包"的形式传递的，但不同网络的"包"的格式不同。因此，在不同的网络间传送数据时，就需要网络间的连接设备充当"翻译"的角色，即将来自一种网络中的"信息包"转换成另一种网络的"信息包"。

信息包在网络间的转换与 OSI 的七层模型密切相关。如果两个网络间的差别程度小，则需转换的层数也少。例如以太网与以太网互连，因为它们属于同一种网络，数据包仅需转换到 OSI 的第二层（数据链路层），故所需网间连接设备功能简单（如网桥）；若以太网与令牌网相连，数据信息需转换至 OSI 的第三层（网络层），所需中介设备也比较复杂（如路由器）；如果连接两个完全不同结构的网络 TCP/IP 与 SNA，其数据包需做全部七层的转换，所需要的连接设备也最复杂（如网关）。

（3）网络计算机

按照接入 Internet 主机所扮演的角色不同，可将连接在 Internet 上的计算机分成服务器和客户机两类。服务器是 Internet 服务与信息资源的提供者，而客户机则是 Internet 服务和信息资源的使用者。作为服务器的主机，通常要求具有较高的性能和较大的存储容量，而作为客户机的主机可以是任意一台普通的 PC。服务器借助于服务器软件向用户提供服务和管理信息资源，用户通过客户机中装载的各类 Internet 服务软件访问 Internet 上的资源。

（4）网络信息资源

Internet 上信息资源的种类极其丰富，主要包括文本、图像、声音和视频等多种信息类型，涉及科学、教育、商业经济、医疗卫生、文化娱乐等各个方面。用户可以通过 Internet 查找所需要的资料，获取第一手的市场信息；可以收听流行歌曲、收看体育比赛实况转播等。所有众多繁杂的信息，都离不开信息的存储介质和网络数据库技术的应用。

1.1.1.3 Internet 主要应用

Internet 发展至今，在人类社会生活的方方面面都得到了广泛应用，下面简单地介绍一下 Internet 的一些重要应用领域。

（1）教育科研

教育和科研领域是 Internet 最早的应用领域。社会的发展使得科学研究不可能局限于封闭的小圈子，研究人员需要不断地和外界交流，吸收和了解他人的成果，掌握新的发展动态，而 Internet 为科研人员提供了非常好的交流信息的手段。研究人员可以随时把自己的研究成果在网上发布，也可以随时在网上查询自己所需要的资料。对于教育领域来说，利用 Internet 可以实现网上教学，现在已有一些学校建立了"网上学校"，使得一些没条件到校学习的人可以得到教学经验丰富、教学效果好的名师指点，这种新的教学方式可以使学生不受时间、地点的限制，学生可根据自己的条件有针对性地学习，可以多次重复学习过程，弥补传统教学的不足。Internet 已经成为一所没有围墙的学校。

（2）新闻出版

新闻出版的目的是尽快地把信息发布给读者或观众，传统上使用的传播媒体是报纸、杂志和广播电视。Internet 本身就具有信息发布和传输能力，与传统媒体相比，Internet 具有它们都无法比拟的优点，如信息发布范围广、传播速度快等。

（3）金融证券

目前 Internet 在金融证券领域的应用倍受重视，许多国家都开展了网上银行业务。利用 Internet 可以减少现金的发行量，人们在家里就可以进行网上交易并进行电子结算。证券业利用 Internet 的交互性进行网上股票交易，使股民们不必到交易现场、不用现金就可以完成交易。

(4)医疗卫生

在医疗卫生领域，利用 Internet 连通专家学者可以进行各种信息咨询、预约医生、远程会诊、远程手术等工作。

(5)电子商务

电子商务(Electronic Commerce，EC)是指信息技术和 Internet 技术在商务领域的应用，是一个以电子数据处理、环球网络、数据交换和资金汇兑技术为基础，集订货、发货、运输、报关、保险、商检和银行结算为一体的综合商务处理系统。该系统的实现不但大大地方便了商贸业务的手续和加速了业务开展的全过程，而且规范了整个商贸业务的发生、发展和结算的过程。Internet 连通了产品开发商、制造商、经销商和用户，使他们之间的信息传输迅速、快捷和安全可靠，因此，电子商务受到了世界各国企业和商贸组织的认同，成为当今社会商贸处理领域的最热门技术之一。

(6)娱乐

Internet 对娱乐的影响是非常巨大的，无论电影、电视和游戏都可以在 Internet 中看到其踪影。其交互性更是传统电影、电视无法比拟的，用户可以从 Internet 上挑选自己喜爱的影视节目，可以使游戏迷跳出自我封闭的圈子，通过 Internet 和远在天边的朋友玩网络游戏、QQ 聊天等。

1.1.2 WWW 概述

随着 Internet 的迅速发展，人们为了充分利用 Internet 上的信息资源，迫切需要一种更加方便、快捷的信息浏览和查询工具，正是在这种背景下，万维网(World Wide Web，WWW)在瑞士日内瓦的欧洲核物理研究中心诞生了。通过万维网，人们只要使用简单的方法就可以迅速方便地取得丰富的信息资料。由于用户在通过 Web 浏览器访问信息资源的过程中，无须关心一些技术性的细节，而且界面非常友好，所以它的出现被认为是 Internet 发展史上的一个重要里程碑，是目前人们通过 Internet 在世界范围内查找信息和共享信息资源的最理想的工具，它对 Internet 的发展起到了极大的推动作用。

WWW 与传统的 Internet 信息检索工具的最大区别在于，它展示给用户的是一篇篇文章，而不是那种令人费解的菜单说明，因此，用它查询信息具有很强的直观性。WWW 由遍布在 Internet 中被称为 WWW 服务器的计算机组成，一个服务器除了提供它自身的独特信息服务外，还存储着可链接到其他服务器上的信息，这样，成千上万个服务器互相链接便组成了今天的环球信息网。

与 WWW 相关的常用术语解释及其相关协议如下：

1.1.2.1 WWW 运行技术和超文本格式

WWW 采用的是客户机/服务器工作方式，其作用是整理和存储各种 WWW 资源，并响应客户端软件的请求，把客户所需的资源传送到 Windows XP、Windows 7、Windows 8、UNIX 或 Linux 等平台上。客户机方面使用的程序称为 Web 浏览器，如 Internet Explorer、Netscape Navigator、火狐、搜狗、Google Chrome 等。

在浏览器中看到的画面称为页面，也称为 Web 页。多个相关的 Web 页合在一起就组成一个 Web 站点，将放置 Web 站点的计算机称为 Web 服务器。Web 浏览器在向用户提供友好的使用页面的同时，另一个重要的作用是向 Web 服务器请求信息或资源，Web 服务器得到请求后在指定位置查找该信息或资源，并将找到后的内容发送给 Web

浏览器。

Web 页采用超文本格式，它除了包含有文本、图像、声音、视频等信息以外，还能够利用网页中的网状交叉索引文本，对不同来源的信息进行链接，我们将其称为超链接。超文本中的某些文字或图形可作为超链接源，当鼠标指向超链接时，鼠标指针变成手形，用户单击这些信息时，就进入了另一个超文本文件。

1.1.2.2 主页

在 WWW 中存在各种类型的文件，但其中最重要的还是 Web 页，一个 Web 页面可以包含文本、图片、动画和其他多媒体文件。Web 页面并不是孤立的，它们通过超文本相互联系在一起。可以在当前页面打开其他页面、图片、二进制文件、多媒体文件等。

一个 Web 站点上一般都存放了很多页面，其中最重要的是主页（Home Page）。主页就是用户在访问网上某个站点时，首先显示的第一个页面，从该页面出发可以进入到该站点的其他页面，也可以进入到其他站点。

在 Internet 上，一些机构或企业为了便于用户查询，树立自己的形象，往往在网上建立自己的站点，发布自己的主页，在其中提供本单位的简要介绍和多媒体信息，并列出一些常用的信息链接。

1.1.2.3 HTTP 协议

超文本传输协议（Hyper Text Transfer Protocol，HTTP）的发展是万维网协会（World Wide Web Consortium）和 Internet 工作小组（Internet Engineering Task Force，IETF）合作的结果，他们最终发布了一系列的 RFC，RFC 1945 定义了 HTTP 1.0 版本。其中最著名的就是 RFC 2616，RFC 2616 定义了今天普遍使用的一个版本——HTTP 1.1。

HTTP 协议是用于从 WWW 服务器传输超文本到本地浏览器的传送协议，它不仅保证计算机正确快速地传输超文本文档，还确定传输文档中的哪一部分以及什么内容首先显示（如文本先于图形）等。

HTTP 是一个应用层协议，由请求和响应构成，是一个标准的客户端服务器模型。HTTP 是一个无状态的协议，也就是说，使用该协议时，不同的请求之间不会保存任何信息。每个请求都是独立的，它不知道目前请求的发送来源和请求的次数。当用户请求到所需要的网页后，就会断开与服务器的连接。从程序设计的观点看，无状态的特点可能使得某些功能很难实现。但如果 HTTP 本身是有状态的协议，那么 Web 服务器上就需要保存每个用户的连接，这样在请求的用户很多的情况下，可能使得服务器不堪重负。

1.1.2.4 统一资源定位器 URL

为了使客户程序能找到位于整个 Internet 范围的某个信息资源，WWW 系统使用统一资源定位器（Uniform Resource Locator，URL）。客户程序就是凭借输入的 URL，找到相应的服务器并与之建立联系和获取信息。URL 的一般形式可表示为：

信息服务方式://信息资源地址/文件路径/文件名

其中信息服务方式主要是指"http://"，即使用 HTTP 协议提供超级文本信息服务的 WWW 信息资源空间。双斜线"//"是分解符，"//"后面的信息资源地址一般是指提供信息服务的计算机在 Internet 上的域名。"文件路径/文件名"是指信息资源在 Web 服务器上的资源目录及文件名，在给出 URL 时，这一部分可有可无。

使用其他协议的信息服务方式还有很多，如"ftp://"使用 FTP 协议提供文件传送服务的 FTP 资源空间，"telnet://"使用 Telnet 协议提供远程登录信息服务的 Telnet 信息资源空间等。

1.2 Web 概述

1.2.1 Web 浏览器

浏览器是用于显示 Web 服务器或文件系统内的超文本标记语言(Hyper Text Markup Language，HTML)文件，并让用户与这些文件互动的一种软件。个人电脑上常见的网页浏览器包括微软的 Internet Explorer、Mozilla 的 Firefox、Google 的 Chrome、Opera 和 Safari。浏览器是最经常使用到的客户端程序。

网页浏览器主要通过 HTTP 协议连接网页服务器而取得网页，HTTP 容许网页浏览器送交资料到网页服务器并且获取网页。目前最常用的 HTTP 是 HTTP 1.1。HTTP 1.1 有其一套 Internet Explorer 并不完全支持的标准，然而许多其他网页浏览器则完全支持这些标准。

网页通常使用 HTML 文件格式，并在 HTTP 协议内以多用途互联网邮件扩展(Multi-purpose Internet Mail Extensions，MIME)内容形式来定义。大部分浏览器均支持许多 HTML 以外的文件格式，如 JPEG、PNG 和 GIF 图像格式，还可以利用插件等技术来支持更多的文件类型。在 HTTP 内容类型和 URL 协议结合下，网页设计者便可以把图像、动画、视频、声音和流媒体包含在网页中，让人们通过网页而取得它们。

早期的网页浏览器只支持简易版本的 HTML。但浏览器软件的迅速发展导致非标准的 HTML 代码的产生，这导致了浏览器的相容性问题。现代的浏览器(Mozilla、Opera 和 Safari)支持标准的 HTML 和 XHTML，它们显示出来的网页效果都一样。Internet Explorer 仍未完全支持 HTML 4.01 及 XHTML 1.x。现在许多网站都是使用所见即所得的 HTML 编辑软件来建构的，这些软件包括 Macromedia Dreamweaver、Visual Studio 和 Microsoft Frontpage 等，它们通常会产生非标准 HTML，这阻碍了 W3C 制定统一标准，尤其是 XHTML 和层叠样式表(Cascading Style Sheets，CSS)。

有一些浏览器还载入了一些附加组件，如 Usenet 新闻组、IRC(互联网中继聊天)和电子邮件，支持的协议包括 NNTP(网络新闻传输协议)、SMTP(简单邮件传输协议)、IMAP(交互邮件访问协议)和 POP(邮局协议)。

1.2.2 Web 服务器

Web 服务器也称为 WWW 服务器，主要功能是提供网上信息浏览服务。WWW 是 Internet 的多媒体信息查询工具，是 Internet 上近年才发展起来的服务，也是发展最快和目前使用最广泛的服务。正是因为有了 WWW 工具，才使得近年来 Internet 迅速发展，且用户数量飞速增长。Web 服务器是指驻留于因特网上某种类型计算机的程序。当 Web 浏览器(客户端)连到服务器上并请求文件时，服务器将处理该请求并将文件发送到该浏览器上，附带的信息会告诉浏览器如何查看该文件(即文件类型)。服务器使用 HTTP 进行信息交流，这就是人们常把它们称为 HTTP 服务器的原因。

Web 服务器是向发出请求的浏览器提供文档的程序。

(1) 服务器是一种被动程序：只有当 Internet 上运行在其他计算机中的浏览器发出请求时，服务器才会响应。

(2) 最常用的 Web 服务器是 Apache 和 Microsoft 的 Internet 信息服务器（Internet Information Server，IIS）。

(3) Internet 上的服务器也称为 Web 服务器，是一台在 Internet 上具有独立 IP 地址的计算机，可以向 Internet 上的客户机提供 WWW、Email 和 FTP 等各种 Internet 服务。

Web 服务器不仅能够存储信息，还能在用户通过 Web 浏览器提供的信息的基础上运行脚本和程序。当 Web 服务器接收到一个 HTTP 请求时，会返回一个 HTTP 响应，例如送回一个 HTML 页面。为了处理一个请求，Web 服务器可能会响应一个静态页面或图片，进行页面跳转，或者把动态响应委托给一些其他程序，如 CGI 脚本、JSP（Java Server Page）脚本、Servlet、ASP（Active Server Page）脚本、服务器端 JavaScript，或者一些其他的服务器端技术。这些服务器端的程序通常产生一个 HTML 的响应来让浏览器可以显示相关信息。

Web 服务器的代理模型非常简单。当一个请求被送到 Web 服务器里时，它只单纯地把请求传递给可以很好地处理请求的程序（服务器端脚本）。Web 服务器仅仅提供一个可以执行服务器端程序和返回（程序所产生的）响应的环境，而不会超出职能范围。

1.2.3　Web 编程概述

Web 是一种典型的分布式应用框架。Web 应用中的每一次信息交换都要涉及客户端和服务器端两个层面。因此，Web 编程技术大体上也可以分为客户端技术和服务器端技术两大类。

1.2.3.1　Web 客户端技术

Web 客户端的主要任务是展现信息内容。Web 客户端设计技术主要包括：HTML 语言、Java Applets、脚本程序、CSS、DHTML、插件技术以及 VRML 技术。

(1) HTML 语言

HTML 语言是一种标记语言，被用来结构化信息，例如标题、段落和列表等，也可用来在一定程度上描述文档的外观和语义。1982 年由蒂姆·伯纳斯·李创建，由 IETF 用简化的标准通用标记语言（Standard Generalized Markup Language，SGML）语法进行进一步发展的 HTML，后来成为国际标准，由万维网联盟（W3C）维护。HTML 不是一种编程语言，而是一种标记语言，它使用标记标签来描述网页。

(2) Java Applets

Java Applets 即 Java 小应用程序。使用 Java 语言创建小应用程序，浏览器可以将 Java Applets 从服务器下载到浏览器，在浏览器所在的机器上运行。Java Applets 可提供动画、音频和音乐等多媒体服务。1996 年，著名的 Netscape 浏览器在其 2.0 版中率先提供了对 Java Applets 的支持，随后 Microsoft 的 IE 3.0 也在同年开始支持 Java 技术。Java Applets 使得 Web 页面从只能展现静态的文本或图像信息，发展到可以动态展现丰富多样的信息。动态 Web 页面不仅仅表现在网页的视觉展示方式上，更重要的是它可以对网页中的内容进行控制与修改。

(3) 脚本程序

脚本程序指嵌入在 HTML 文档中的程序。使用脚本程序可以创建动态页面，大大提高交互性。用于编写脚本程序的语言主要有 JavaScript 和 VBScript。JavaScript 由

Netscape 公司开发，具有易于使用、变量类型灵活和无须编译等特点；VBScript 由 Microsoft 公司开发，与 JavaScript 一样，可用于设计交互的 Web 页面。需要说明的是，虽然 JavaScript 和 VBScript 语言最初都是为创建客户端动态页面而设计的，但它们都可以用于服务器端脚本程序的编写。客户端脚本与服务器端脚本程序的区别在于执行的位置不同，前者在客户端机器执行，而后者是在 Web 服务器端机器执行。

(4) CSS

CSS 即层叠样式表。1996 年底，W3C 提出了 CSS 的建议标准，同年 IE 3.0 引入了对 CSS 的支持。CSS 大大提高了开发者对信息展现格式的控制能力。1997 年的 Netscape 4.0 不但支持 CSS，而且增加了许多 Netscape 公司自定义的动态 HTML 标记，这些标记在 CSS 的基础上，让 HTML 页面中的各种要素"活动"了起来。

(5) DHTML

DHTML(Dynamic HTML)即动态 HTML。1997 年，Microsoft 发布了 IE 4.0，并将动态 HTML 标记、CSS 和动态对象模型(Dynamic Object Model)发展成为一套完整、实用、高效的客户端开发技术体系，Microsoft 称其为 DHTML。同样是实现 HTML 页面的动态效果，DHTML 技术无须启动 Java 虚拟机或其他脚本环境，可以在浏览器的支持下，获得更好的展现效果和更高的执行效率。

(6) 插件技术

该技术大大丰富了浏览器的多媒体信息展示功能，常见的插件包括 QuickTime、Realplayer、Media Player 和 Flash 等。为了在 HTML 页面中实现音频、视频等更为复杂的多媒体应用，1996 年的 Netscape 2.0 成功地引入了对 QuickTime 插件的支持，插件这种开发方式也迅速风靡了浏览器的世界。同年，在 Windows 平台上 Microsoft 将 COM 和 ActiveX 技术应用于 IE 浏览器中，其推出的 IE 3.0 正式支持在 HTML 页面中插入 ActiveX 控件，这为其他厂商扩展 Web 客户端的信息展现方式提供了方便的途径。1999 年，Realplayer 插件先后在 Netscape 和 IE 浏览器中取得了成功，与此同时 Microsoft 自己的媒体播放插件 Media Player 也被预装到了各种 Windows 版本之中。同样具有重要意义的还有 Flash 插件的问世：20 世纪 90 年代初期，Jonathan Gay 在 FutureWave 公司开发了一种名为 Future Splash Animator 的二维矢量动画展示工具，1996 年，Macromedia 公司收购了 FutureWave，并将 Jonathan Gay 的发明改名为我们熟悉的 Flash。从此，Flash 动画成了 Web 开发者表现自我、展示个性的最佳方式。

(7) VRML 技术

Web 已经由静态步入动态，并正在逐渐由二维走向三维，将用户带入五彩缤纷的虚拟世界中。VRML 是目前创建三维对象最重要的工具，是一种基于文本的语言，并可运行于任何平台。

1.2.3.2 Web 服务器端技术

与 Web 客户端技术从静态向动态的演进过程类似，Web 服务器端的开发技术也是由静态向动态逐渐发展、完善起来的。Web 服务器端技术主要包括服务器、CGI、PHP、ASP、ASP.NET、Servlet 和 JSP 等技术。

(1) 服务器技术

服务器技术主要指有关 Web 服务器构建的基本技术，包括服务器策略与结构设计、服务器软硬件的选择及其他有关服务器构建的问题。

（2）CGI

CGI（Common Gateway Interface）技术，即公共网关接口技术。最早的 Web 服务器简单地响应浏览器发来的 HTTP 请求，并将存储在服务器上的 HTML 文件返回给浏览器。CGI 是第一种使服务器能根据运行时的具体情况，动态生成 HTML 页面的技术。1993 年，NCSA（National Center for Supercomputing Applications）提出 CGI 1.0 的标准草案，之后分别在 1995 年和 1997 年制定了 CGI 1.1 和 1.2 标准。CGI 技术允许服务器端的应用程序根据客户端的请求，动态生成 HTML 页面，这使客户端和服务器端的动态信息交换成为了可能。随着 CGI 技术的普及，聊天室、论坛、电子商务、信息查询、全文检索等各式各样的 Web 应用蓬勃兴起，人们可由此享受到信息检索、信息交换、信息处理等更为便捷的信息服务。

（3）PHP

PHP 即 Personal Home Page 技术。1994 年，Rasmus Lerdorf 发明了专用于 Web 服务器端编程的 PHP 语言。与以往的 CGI 程序不同，PHP 语言将 HTML 代码和 PHP 指令合成为完整的服务器端动态页面，Web 应用的开发者可以用一种更加简便、快捷的方式实现动态 Web 功能。

（4）ASP

ASP（Active Server Page）技术，即活动服务器页面技术。1996 年，Microsoft 借鉴 PHP 的思想，在其 Web 服务器 IIS 3.0 中引入了 ASP 技术。ASP 使用的脚本语言是我们熟悉的 VBScript 和 JavaScript。借助 Microsoft Visual Studio 等开发工具在市场上的成功，ASP 迅速成为 Windows 系统下 Web 服务器端的主流开发技术。

（5）ASP.NET 技术

ASP.NET 是面向下一代企业级网络计算的 Web 平台，是对传统 ASP 技术的重大升级和更新。ASP.NET 是建立在 .NET Framework 的公共语言运行库上的编程框架，可用于在服务器上生成功能强大的 Web 应用程序。

（6）Servlet、JSP 技术

以 Sun 公司为首的 Java 阵营于 1997 和 1998 年分别推出了 Servlet 和 JSP 技术。JSP 的组合让 Java 开发者同时拥有了类似 CGI 程序的集中处理功能和类似 PHP 的 HTML 嵌入功能，此外，Java 的运行时编译技术也大大提高了 Servlet 和 JSP 的执行效率。Servlet 和 JSP 被后来的 J2EE 平台吸纳为核心技术。

（7）XML

如果说 HTML 语言给 Web 世界赋予了无限生机的话，那么，XML 语言的出现就可以算成是 Web 的一次新生。HTML 语言具有较强的表现力，但也存在结构过于灵活、语法不规范的弱点。当信息都以 HTML 语言的面貌出现时，Web 这个信息空间是杂乱无章、没有秩序的。为了让 Web 世界里的所有信息都有章可循、有法可依，人们需要一种更为规范、更能够体现信息特点的语言。在这样的背景下，W3C 于 1996 年提出了 XML 语言草案，并于 1998 年正式发布了 XML 1.0 标准。XML 语言对信息的格式和表达方法做了最大程度的规范，应用软件可以按照统一的方式处理所有 XML 信息。HTML 语言关心的是信息的表现形式，而 XML 语言关心的是信息本身的格式和数据内容。XML 语言不但可以将客户端的信息展现技术提高到一个新的层次，而且可以显著提高服务器端的信息获取、生成、发布和共享能力。目前 XML 已成为 Web 信息共享和交换的标准。

1.2.4 静态网页与动态网页

1.2.4.1 静态网页技术

静态网页指扩展名为 html、htm、shtml、xml 等的网页文件。它有许多优点：第一，安全，从理论上讲是没有攻击漏洞的；第二，访问的速度快，可以跨平台、跨服务器；第三，易于搜索引擎收录，搜索引擎比较喜欢收录静态页面；第四，降低了服务器的承受能力，因为其不需要解析就可以返回客户端，因此减少了服务器的工作量。

其缺点是维护性差，删除或新添加一个页面，会涉及多个页面的操作与修改。另外，静态页面的内容不是存储在数据库中，它是服务器空间上单独的文件，因此需要占用空间内存。举一个例子来说明：如果一个论坛上有 10 万个帖子，假设一个帖子的大小是 100K 左右，那么生成静态页面的话就会产生 10 万个 html 文件，换成容量就要占去服务器 10G 的空间，这当中还不计算由于磁盘存储机制造成的空间浪费。

1.2.4.2 动态网页技术

与静态网页相比，动态网页的 URL 以 .aspx、.asp、.php、.jsp、.cgi 等形式为扩展名，是存储在 Web 服务器上的程序。其优点有：第一，以数据库技术为基础，可以大大降低网站维护的工作量；第二，采用动态网页技术的网站可以实现更多的交互功能，如用户注册、用户登录订单管理等；第三，页面灵活简单，动态网页实际上并不是独立存在于服务器上的网页文件，只有当用户请求时服务器才动态地返回一个完整的网页。

其不足之处主要是搜索引擎一般不可能从一个网站的数据库中访问全部网页，因此采用动态网页的网站在进行搜索引擎推广时，需要做一定的技术处理才能适应搜索引擎的要求；其次，如果数据库被黑客入侵，整个网站的信息将被完全控制甚至被破坏。

1.2.4.3 静态网页与动态网页的区别

区分网页静态与动态的重要标志是程序是否在服务器端运行。在服务器端运行的程序、网页、组件属于动态网页，它们会随不同客户、不同时间而返回不同的网页，例如 ASP、PHP、CGI、JSP、ASP.NET 等；运行于客户端的程序、网页、插件、组件属于静态网页，例如 html 页、Flash、JavaScript、VBScript 等，它们是永远不变的。

静态网页和动态网页各有特点，网站采用动态网页还是静态网页主要取决于网站的功能需求和网站内容的多少，如果网站功能比较简单，内容更新量不是很大，采用纯静态网页的方式会更简单，反之一般要采用动态网页技术来实现。

静态网页是网站建设的基础，静态网页和动态网页之间也并不矛盾，为了网站适应搜索引擎检索的需要，即使采用动态网页技术，也可以将网页内容转化为静态网页发布。

网站也可以采用静动结合的原则，适合采用动态网页的地方用动态网页，变动不频繁或访问量大的页面，则可以考虑用静态网页的方法来实现，在同一个网站上，动态网页内容和静态网页内容同时存在也是很常见的事情。

1.3 B/S 结构

B/S 结构(Browser/Server，浏览器/服务器模式)，是 Web 兴起后的一种网络结构模式，Web 浏览器是客户端最主要的应用软件。随着 Internet 技术越来越广泛地应用，原来基于局域网的企业网开始采用 Internet 技术构筑和改建自己的企业网，即 Intranet，于是，一种新兴的浏览器/服务器结构应运而生，并获得飞速发展，成为众多应用争相采用的新型体系结构。本质上，浏览器/服务器结构也是一种客户机/服务器结构，是一种由传统的二层客户机/服务器结构发展而来的三层客户机/服务器结构在 Web 上应用的特例，如图 1-1 所示。

图 1-1 浏览器/服务器模型

在 WWW 服务器上安装有 HTML 文件系统及通用网关接口 CGI，在客户机上安装有 Web 浏览器。客户和服务器之间通过 TCP/IP 及超文本传送协议 HTTP 传送 HTML 页面。

WWW 系统运行时，WWW 客户通过 Web 浏览器指定访问的 URL，并向 Web 服务器发出请求，其后，Web 服务器把 URL 转换成页面所在的服务器上的文件名。若文件是简单的 HTML 文件，那么，由 Web 服务器直接把它送给 Web 浏览器；若该文件是遵循 CGI 标准的驻留程序，则由 Web 服务器运行，启动相关的数据库服务器，将相关的数据查询结果根据用户要求构成新的 HTML 页，经 HTTP 传送到 Web 浏览器。在浏览器/服务器的系统中，用户可以通过浏览器向分布在网络上的许多服务器发出请求。浏览器/服务器结构极大地简化了客户机的工作，客户机上只需安装、配置少量的客户端软件即可，服务器将担负更多的工作，对数据库的访问和应用程序的执行将在服务器上完成。

在浏览器/服务器三层体系结构下，表示层（Presentation）、功能层（Business Logic）、数据层（Data Service）被分割成三个相对独立的单元。

（1）表示层：Web 浏览器

在表示层中包含系统的显示逻辑，位于客户端。它的任务是由 Web 浏览器向网络上的某一 Web 服务器提出服务请求，Web 服务器对用户身份进行验证后用 HTTP 协议把所需的主页传送给客户端，客户机接受传来的主页文件，并把它显示在 Web 浏览器上。

（2）功能层：具有应用程序扩展功能的 Web 服务器

在功能层中包含系统的事务处理逻辑，位于 Web 服务器端。它的任务是接受用户的请求，首先需要执行相应的扩展应用程序与数据库进行连接，通过 SQL 等方式向数据库服务器提出数据处理申请，数据库服务器的数据处理结果返回到 Web 服务器后，再由 Web 服务器作适当处理并传送回客户端。

（3）数据层：数据库服务器

在数据层中包含系统的数据处理逻辑，位于数据库服务器端。它的任务是接受 Web 服务器对数据库操纵的请求，实现对数据库查询、修改、更新等功能，把运行结果提交给 Web 服务器。

三层的浏览器/服务器体系结构是把二层客户机/服务器结构的事务处理逻辑模块从客户机的任务中分离出来，由单独组成的一层来负担其任务，这样客户机的压力大大减轻了，把负荷均衡地分配给了 Web 服务器，于是由原来的两层的客户机/服务器结构转变成三层的浏览器/服务器结构。

    这种结构不仅把客户机从沉重的负担和不断对其提高的性能要求中解放出来，也把技术维护人员从繁重的维护升级工作中解脱出来。由于客户机把事务处理逻辑部分分给了功能服务器，使客户机一下子"苗条"了许多，不再负责处理复杂计算和数据访问等关键事务，只负责显示部分，所以维护人员无须为程序的维护工作奔波于每个客户机之间，可以把主要精力放在功能服务器的程序更新工作上。这种三层结构层与层之间相互独立，任何一层的改变不影响其他层的功能，它从根本上改变了传统的二层客户机/服务器体系结构的缺陷，是应用系统体系结构中一次深刻的变革。

    浏览器/服务器模型只是客户机/服务器的三层计算模型的一个特例，它只不过是把客户机缩减成了在客户机上的统一的浏览器软件。

本章小结

    本章介绍了 Web 技术相关概念，动态网页与静态网页，以及 Web 应用程序设计中会涉及的客户端和服务器端的相关技术。通过本章的学习，读者应理解 Web 基本架构，初步了解客户端和服务器端涉及的相关技术。

习 题

1. 客户端和服务器端的技术有哪些？
2. 静态网站和动态网站有哪些区别？
3. 什么是 B/S 结构？

▶▶▶▶ 第2章 Web 程序设计基础

本章学习目标

本章介绍 Web 程序设计中的客户端相关技术，包括 HTML、CSS、XML 及 JavaScript 编辑基础。通过本章的学习，读者应该掌握以下内容：
- HTML 文档的结构和常用标记。
- CSS 样式及设置的方法。
- XML 文档的基本结构及特点。
- JavaScript 客户端脚本语言。

2.1 HTML 语言

2.1.1 HTML 概述

HTML 是用于创建 Web 文档的编辑语言。自从 1990 年首次用于网页编辑后，由于其编写制作的简易性，HTML 迅速成为网页编程的主流语言。几乎所有的网页都是由 HTML 或以其他程序语言嵌套在 HTML 中编写的，所以也有人称 HTML 是网页的本质。

HTML 可按照一定的格式标记文本及图像等元素，使它们在用户浏览器中显示出不同风格的标记性语言。它通过标记来指示要如何显示网页中的各个部分，即确定网页内容的格式，浏览器按照顺序阅读 HTML 文件，然后根据内容附近的 HTML 标记来解释和显示各种内容。

2.1.2 HTML 文档结构

HTML 是一种超文本标记语言，是标准的 ASCII 文本文件。它通过成对的 HTML 标记将要控制显示的内容包含在中间，以控制内容的显示格式，每一组 HTML 标记的开头标记的语法为"<标记名称>"，结尾标记的语法则为"</标记名称>"，其完整的标记语法为：

```
<标记名称>要控制的内容</标记名称>
```

HTML 是由 <html> 和 </html> 标记标识的，在 <html> 标记中所包含的内容可分为两部分，即 <head> 标记标识的 head 部分和 <body> 标记标识的 body 部分，其结构如下：

```
<html>
    <head>
        <title>标题文字</title>
    </head>
<body>
    <!--在主体部分可插入文本、图像、动画、声音、HTML 指令等元素-->
</body>
</html>
```

上面有 3 组标记，分别是 <html> 标记、<head> 标记、<body> 标记，都是成对出现的。<html></html> 标记可理解为整个 HTML 文档的开始与结束；<head></head> 标记头部，用于提供与 Web 页面有关的各种信息，在 <head> 标记中，可以添加 <title>、<base>、<meta>、<script> 以及 <style> 标记；<body></body> 标记所包括的部分是整个文档的正文。

注释由开始标记 <!-- 和结束标记 --> 构成，注释内容不在浏览器中显示。

标记不区分大小写，并且两个标记不能交错。

下面是一个 HTML 示例。

```
<html>
    <head>
        <title>这里是文档标题</title>
    </head>
    <body>
        <br><br><h1 align="center">这里是Body——主体部分:在浏览器中显示的内容</h1>
    </body>
</html>
```

在浏览器中预览，得到的结果如图 2-1 所示。网页的标题(<title></title> 标记里的内容)在浏览器的标题栏显示。另外大多数标记都拥有一个属性集，通过这些属性可以对作用的内容进行相应的控制，所有属性都放置在开始标记的尖括号里，如本例中的 <h1 align="center"> 表示要使用 1 号标题且该标记中的内容居中显示。

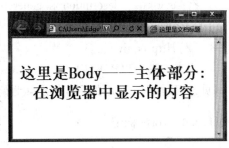

图 2-1　HTML 示例

2.1.3　HTML 的头部区段

头部区段的内容用来对文档的基本信息作一些说明或控制，一般不显示在浏览器中。

2.1.3.1　Head 标记

Head 标记放在一个 HTML 文档的开始部分，紧跟在 HTML 标记之后，是用来包含其他标记的一个容器。Head 标记中的内容主要用于定义 HTML 文档在网页中的一些基本情况，它可以包含 title、meta、link、style、script 等标记。

2.1.3.2　Title 标记

Title 标记只能出现在文件头部(即包含在 Head 标记之内)，用来定义该 HTML 文件的标题，是对文件内容的高度概括，是每个 HTML 文件不可缺少的部分，它只显示在浏览器的标题栏里。当对该 HTML 文档进行收藏时，Title 里包含的内容将被用作默认的书签名，对 Title 里的内容字符长度没有什么限制，但一般情况下不应该超过 64 个字符。

2.1.3.3 Meta 标记

Meta 标记必须放在 Head 标记之内，用来设置相关主页的一些信息，可以指定文档的编码方式、作者、检索的关键字以及创建日期等信息，以供用户浏览器或服务器执行分析操作，这些信息不会在浏览器中显示出来，所以对于普通用户的访问者来说没什么直接的意义，但是它们的存在可以有助于搜索引擎为它建立更好的索引。如：建立 HTTP 响应头，浏览器就知道如何去处理该网页（即浏览器去处理网页什么时候过期，隔多少时间自动刷新等相应操作）。

Meta 标记有 3 个属性：HTTP-Equiv（绑定 HTTP 的响应元素）、Name（声明版权）、Content（为声明的版权赋值），其中 Name 和 HTTP-Equiv 可任选一个与 Content 配合使用。

它的语法格式为：

```
<meta  name="name" http-equiv="fieldname" content="content"/>
```

参数说明：

（1）Name

有 keywords、description 和 generator 共 3 个属性值，分别用于指明网页关键字、描述网页、描述文件信息。

（2）Http-equiv

用来构造 HTTP 头信息，有 expires、refresh 和 content-type 共 3 个属性值，分别指明网页过去时间、网页刷新周期或自动跳转页面、网页文字编码方式等信息。

2.1.3.4 Base 标记

Base 标记用于设置当前文档的所有链接规定默认地址，它有两个属性：href 和 target，href 为链接到的 URL，target 为打开 URL 时采用什么方式，其语法为：

```
<base target="_blank" href="URL 地址" />
```

Target 有 4 个值：
① _blank   表示在新窗口打开 URL 链接；
② _parent   表示在本页面刷新并全新打开 URL 链接；
③ _self   默认表示在相同框架中打开 URL 链接；
④ _top   表示在整个窗口中打开 URL 链接。

2.1.3.5 Link 标记

从该文档到其他文档的链接一般是由 HTML 生成程序使用的，与能够在文档中建立多重链接的 <a> 不同。Link 表示将文件作为一个整体进行链接，最常用于链接样式表。如：

```
<head>
<link rel="stylesheet" type="text/css" href="mystyle.css" />
</head>
```

2.1.3.6 Style 标记

Style 标记用于自定义 HTML 文档样式信息，比如定义 HTML 文档的颜色、字体、字号等样式，如：

```
<style type="text/css">
    body
    {   font-size:12px;
        font-family:宋体;
    }
</style>
```

2.1.3.7 Script 标记

Script 标记用于定义客户端脚本，如 JavaScript，该脚本只在客户端运行，提高了访问效率，一个精美的页面效果、简单的页面验证、漂亮的小插件等操作越来越离不开 Script 标记的使用。如：

```
<script type="text/javascript">
document.write("你好！")
</script>
```

2.1.4 HTML 的主体区段

HTML 的主体区段描述的是在浏览器中显示出来的内容，由 Body 包含的各种各样的其他标记和字符组成。

2.1.4.1 Body 标记

Body 标记是 HTML 文档的第二部分，是 HTML 文档最核心的部分，在浏览器中显示的内容都在该标记中定义。即使在这里只输入几个字，而不加任何其他标记修饰，其输入的字也会原样显示在浏览器的窗口中。

它的语法格式为：

```
<body background="" bgcolor="" text="" link="" alink="" vlink="" leftmargin="5px" topmargin="5px" style="" bgproperties="" >
</body>
```

Body 标记的一般属性见表 2-1 所列。

表 2-1　Body 标记的一般属性

属　性	说　明
alink	属性值为颜色值，设置鼠标刚按下并激活一个链接时链接显示的颜色
background	设置整个 Web 页面的背景图片
bgcolor	设置整个 Web 页面的背景颜色

（续）

属性	说明
bgproperties	设置整个 Web 页面图片的显示方式
leftmargin	设置 Web 页面的左页边距，属性值是像素。当页边距的属性值被设置为负值时，浏览器会自动地将边距值设为 0
link	设置 Web 页面上未被访问过的超级链接的颜色。属性值为颜色值，默认值（缺省值）是蓝色
style	设置整个 Web 页面所应用的 CSS 样式
text	设置 Web 页面在浏览器中显示的文本的颜色。该属性设置为某一个颜色值后，该 Web 页面中除非有另外 CSS 样式定义，否则所有的文本都将显示为该颜色（超链接除外）
topmargin	设置 Web 页面的上边距，属性值为像素。当页边距的属性值被设置为负值时，浏览器会自动将边距值设为 0
vlink	属性值为颜色值，设置页面上已经访问过的超链接的颜色，默认值为紫色

注：①bgproperties 只有一个属性值——fixed，它表示将背景图片设置为水印显示方式。所谓水印显示就是当浏览器中显示的内容超过一屏且拖动滚动条时，页面背景并不随之滚动，而是固定在页面背景上，看起来只有页面上的其他文本或者图片在滚动。②赋给 Style 的值必须是有分号分隔的有效的 CSS 声明。如：style = " border: 0; margin: 0 0 0 0; background-color: #2683CB; font-size: 12px"

2.1.4.2 Form 表单标记

表单在网页中用来给访问者填写信息，从而能获得用户信息，使 Web 页面具有交互的功能。一般是将表单设计在一个 HTML 文档中，当用户按页面给出的信息填写完后，做提交操作，于是表单的内容就从客户端的浏览器传送到服务器上，经过服务器上的某一个程序处理后，再将用户所需信息传送回客户端的浏览器上，这样网页就完成了一次交互。表单收集来自用户的信息并加以分析，可以做出科学合理的决策。

（1）表单标记的常用属性

通过 < form > </form > 标记对来创建一个表单，在该标记对之间的一切信息都属于表单的内容。一个 HTML 页面可以有多个表单，但用户一次只能提交某一个表单。表单最重要的两个属性是 action 属性和 method 属性，表单标记的常用属性见表 2-2 所列。

表 2-2 表单标记的常用属性

属性	说明
action	action 的属性值是一个 URL，它指向服务器的某个程序处理文件的地址，这个地址可以是相对地址，也可以是绝对地址
id	为表单指定一个唯一标识，以便在其他位置引用
method	指定表单向服务器传送数据时所使用的方式，即指定是使用 POST 还是 GET 方式
name	指定表单的名称，以便在其他位置引用
target	指定服务器端的程序处理表单数据后将结果输出到某个目标框架或串口中

表单在向服务器传送数据时有两种方式：POST 方式和 GET 方式。它是由 Method 属性指定的。如果需要传送的数据量比较大，一般采用 POST 方式传送数据。如果在这种情况下采用 GET 方式，就有可能会因为 URL 超长而导致错误，因为一个 URL 的长度是有上限的。如果传送的数据量相对比较小，一般可采用 GET 方式，其优点在于传递速度快，不易出错。

(2) 表单标记的事件

<form>标记提供了一些事件,最常用的是 onsubmit 和 onreset 事件。表单的事件见表 2-3 所列。

表 2-3 表单事件及事件触发机制

事 件	事件的触发机制
onclick	鼠标左键单击事件
ondbclick	鼠标左键双击事件
onmousedown	鼠标左键按下事件
onmouseup	鼠标左键弹起事件
onmouseover	鼠标划过事件
onmousemove	鼠标移动事件
onmouseout	鼠标移出事件
onkeypress	键盘按键事件
onkeydown	键盘按键按下事件
onkeyup	键盘按键弹起事件
onsubmit	发生在用户提交表单时,处理提交表单时所触发的事件
onreset	发生在用户刷新所填写的表单时,处理用户重置表单这一动作

2.1.4.3 Input 输入标记

多数情况下被用到的表单标签是输入标签(<input>)。输入类型是由类型属性(type)定义的。大多数经常被用到的输入类型如下:

(1) 文本域(Text Fields)

当用户要在表单中键入字母、数字等内容时,就会用到文本域。在大多数浏览器中,文本域的默认宽度是 20 个字符。也可以使用 size 属性来指定文本域的宽度。以下内容在浏览器中显示为两行,每行有提示文字和一个文本输入框:

```
<form>
   First name: <input type="text" name="firstname" /><br />
   Last name: <input type="text" name="lastname" />
</form>
```

(2) 单选按钮(Radio Buttons)

单选按钮是表示一组互斥选项按钮中的一个,name 属性相同的单选按钮为相同的组,相同组中各单选按钮只能从中选取其一。如:

```
<form>
   <input type="radio" name="sex" value="male" /> Male
   <br />
   <input type="radio" name="sex" value="female" /> Female
</form>
```

(3) 复选框(Checkboxes)

当需要从若干给定的选择中选取一个或若干选项时,就会用到复选框。如:

```
<form>
    <input type="checkbox" name="bike" />
    I have a bike
    <br />
    <input type="checkbox" name="car" />
    I have a car
</form>
```

2.1.4.4 Textara 标记

<textarea>标签是一个多行的文本输入控件。文本区中可容纳无限数量的文本，其中的文本的默认字体是等宽字体（通常是 Courier）。可以通过 cols 和 rows 属性来规定 textarea 的尺寸，不过更好的办法是使用 CSS 的 height 和 width 属性。

注释：在文本输入区内的文本行间，用"%0D%0A"（回车/换行）进行分隔。

2.1.4.5 Select 标记

Select 标记可创建单选或多选菜单。<select> 元素中的 <option> 标签用于定义列表中的可用选项。如：

```
<select name="x1">
    <option value="1">本科</option>
    <option value="2">专科</option>
    <option value="3">专升本</option>
    <option value="4">研究生</option>
</select>
```

2.1.4.6 列表标记

常用的列表有 3 种格式：无序列表、有序列表、定义列表。

（1）无序列表标记 <ul>

无序列表由 <ul> </ul> 对标记构成，每一个列表的条目都使用列表条目标记 <li>，它不需要结尾标记，输出时每一个列表条目缩进。其语法如下：

```
<ul type="Disc">
    <li>列表 2</li>
    <li>列表 2</li>
    <li>列表 3</li>
    ……
    <li>列表 n</li>
</ul>
```

无序列表 <ul> 仅有一个属性 Type，Type 属性值为 Circle（以空心圆圈作为符合标记）、Disc（默认值，以实心圆圈作为符合标记）和 Square（以方块作为符号标记）。

（2）有序列表标记 <ol>

有序列表由 <ol> </ol> 对标记构成，每一个列表的条目都使用列表条目标记 <li>，每个条目列表都有前后顺序之分，其语法和无序列表标记 <ul> 类似，其属性有 Type 和 Start，其中 Type 属性用于设置编号的种类，Start 为编号的开始序号。

Type 属性的取值及对应含义如下：1 表示序号为数字；A 表示序号为大写英文字母；a 表示序号为小写英文字母；I 表示序号为大写罗马数字；i 表示序号为小写罗马数字。

下面为列表标记示例代码：

```html
<html>
<head>
<meta http-equiv="Content-Type" content="text/html; charset=gb2312" />
<title>列表标记示例</title>
</head>
<body>
<h1>无序列表示例</h1>
<h3>计算机网络按距离分类</h3>
<ul type="circle">
    <li>广域网</li>
    <li>局域网</li>
    <li>城域网</li>
</ul>
<h1>有序列表示例</h1>
<h3>WWW 服务</h3>
<ol type="1" start="1">
<li>文件传输服务</li>
<li>电子邮件服务</li>
<li>远程登录服务</li>
<li>其他服务</li>
</ol>
</body>
</html>
```

在浏览器中预览，得到的结果如图 2-2 所示。

(3) 定义列表标记 <dl>

定义列表由 <dl> </dl> 对标记构成，用于对列表的条目进行简短的说明。列表条目用 <dt> 引导，列表条目的说明用 <dd> 来引导，其中 <dt> 与 <dd> 标记均不需要结尾标记。<dl>、<dt> 和 <dd> 这 3 个标记是同步使用的，按照默认设置，每个条目均向左对齐，相关的定义也向左对齐，但缩进排列。定义列表标记没有 Type 属性，而且定义列表的条目标记 <dl> 没有任何属性。

2.1.4.7 表格标记

在编写 Web 页面时，表格的应用可使页面整体美观，随着开发软件的健全，使用表格可以提高开发效率。通常将表格分解成以下 5 个部分：

(1) 表格标记 <table>…</table>，用来定义一个表格；

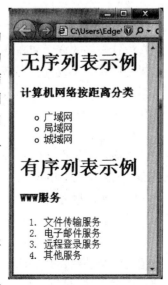

图 2-2 列表标记示例

(2) 表格标题 <caption>…</caption>，用来提供一个标题；
(3) 表格行标记 <tr>…</tr>，用来指明表格中一行的开始和结束；
(4) 表头标记 <th>…</th>，在一列或一行中标识列名或行名；
(5) 单元格标记 <td>…</td>，指定表格内的数据。

(1) Table 标记的属性

Table 标记的属性见表 2-4 所列。

表 2-4 Table 标记的属性

属 性	说 明
align	设置表格中元素的对齐方式
background	设置表格背景
bgcolor	设置表格的背景颜色
border	设置表格边框的宽度，单位是像素。设为 0，表示没有表格边框
bordercolor	设置表格边框的颜色
bordercolordard	设置 3 维表格边框的阴影边缘颜色
bordercolorlight	设置 3 维表格边框的无阴影边缘颜色
cellpaddin	设置单元格边框与内容之间的距离，单位是像素，默认值为 1
cellspacing	设置各个单元格之间的距离，单位是像素，默认值为 1
class	指定表格所属的类
cols	设置表格的列数
frame	设置表格有无外边缘
height	设置表格的高度
id	规定该表格的唯一值，以便同页面的其他位置引用
rules	设置如何绘制表格内部表元之间的间隔线
style	设置表格的 CSS 样式
title	描述表格信息，提示用户
valign	设置单元格中元素在竖直方向上的对齐方式
width	设置表格的宽度

设置表格的宽度和高度时，既可按照百分比设置也可按照像素为单位来进行设置。如果按照百分比设置，表格的长度或者宽度会随浏览器窗口大小的变化而变化；如果以像素为单位进行设置，则表格的长度或宽度是固定不变的，不会随窗口大小的变化而变化。

(2) 表格行标记

表格行标记由 <tr></tr> 来定义，其属性除了没有 rules、frame 外，其他属性与 Table 的属性大致相同。

(3) 单元格标记

单元格标记由 <td></td> 来定义表格中某一行上的列，其属性与 <tr></tr> 基本相同，只是多了 colspan 和 rowspan 两个属性。colspan 表示单元格横向跨越的列数，取值为一个整数，其必须小于该表格的列数，rowspan 表示单元格纵向跨越的行数，取值为一个整数，其必须小于该表格的行数，这两个属性主要是在合并单元格的时候才用到。

(4) 表头标记

表头标记 <th> </th> 与 <td> </td> 基本相同，唯一的区别在于 <th> 所表示的表格中的文字是以粗体显示的，通常用于表格第一列标识栏目。

(5) 标题列标记

标题标记 <caption> </caption> 用于定义表格的标题列，其属性有 align 和 valign。align 表示表格标题列相对于表格的水平位置，它有 6 个属性值：left、center、right、top、middle、bottom；valign 表示表格标题列相对于表格的上下位置，它有两个属性值：top 和 bottom。

下面是一个使用 Table 标记制作课程表的示例：

```html
<html>
    <head>
        <meta http-equiv="Content-Type" content="text/html; charset=gb2312">
        <title>Table 示例</title>
    </head>
<body>
<table border=1>
    <caption style="font-weight:bold;">
    某高三班的课程表
    </caption>
    <tr>
        <td rowspan="5">上午</td>
        <th>星期一</th> <th>星期二</th> <th>星期三</th> <th>星期四</th>
<th>星期五</th>
    </tr>
    <tr>
        <td>语文</td> <td>英语</td> <td>物理</td> <td>英语</td> <td>数学</td>
    </tr>
    <tr>
        <td>英语</td> <td>数学</td> <td>生物</td> <td>语文</td> <td>语文</td>
    </tr>
    <tr>
        <td>数学</td> <td>语文</td> <td>语文</td> <td>数学</td> <td>英语</td>
    </tr>
    <tr>
        <td>物理</td> <td>化学</td> <td>数学</td> <td>生物</td> <td>物理</td>
    </tr>
    <tr>
        <td rowspan="2">下午</td>
        <td>化学</td> <td>物理</td> <td>化学</td> <td>物理</td> <td>生物</td>
    </tr>
    <tr>
```

```
        <td>生物</td>  <td>生物</td>  <td>英语</td>  <td>化学</td>  <td>化
学</td>
</tr>
</table>
</body>
</html>
```

在浏览器中预览,得到的结果如图 2-3 所示。

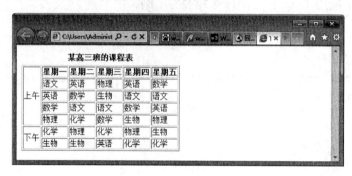

图 2-3 Table 示例

2.1.4.8 框架标记

框架将浏览器窗口划分成多个区域,每个区域可以显示指定的一个 Web 页面,各个区域也可相关联地显示某一内容,它由一个或多个 <frameset> 和 <frame> 标记来定义,其中 <frameset> 表示框架集,允许层次嵌套,<frame> 表示一个框架,用于指定各栏显示的页面。框架标记放于 <head> 标记之后,以取代 body 的位置,另外,还可以使用 <noframes> 标记给出框架不能显示时的替代内容。<frameset> 和 <frame> 的属性见表 2-5 和表 2-6 所列。

表 2-5 <frameset> 标记的属性

属性	说明
border	设定框架的边框宽度
bordercolor	设定框架的边框颜色
frameborder	设定框架是否有边框,1(默认值)表示显示边框,0 表示无边框
framespacing	设定框架与框架间的保留空白的距离
cols	横向分隔浏览器窗口
rows	纵向分隔浏览器窗口

表 2-6 <frame> 标记的属性

属性	说明
bordercolor	设定边框颜色
frameborde	设定框架是否有边框,1(默认值)表示显示边框,0 表示无边框
framespacing	设定框架与框架间的保留空白的距离
marginhight	设定框架高度部分边缘所保留的空间

(续)

属 性	说 明
marginwidth	设定框架宽度部分边缘所保留的空间
noresize	设定可否随意改变该框架的大小，默认可以改变框架的大小
name	设定该框架的名称，方便其他地方的引用，此属性不可省略
scrolling	设定是否需要滚动条，有3个属性值：yes、no、auto
src	设定此框架要显示的网页地址

2.1.4.9　Img 图像标记

网页的美感缺少不了精心处理的图像，图像标记由 IMG 标记来定义，其常用属性见表 2-7 所列。

表 2-7　IMG 的常用属性

属 性	说 明
align	设置图片的对齐方式
alt	当图片不显示的时候所显示的文字
border	图像周围的边框
hspace	图像与左右文本的距离
id	索引值，以便其他位置引用
name	图片名，以便其他位置使用
src	显示图片的地址
style	该图片的 CSS 设置
height	设定图片的高度
width	设定图片的宽度

2.1.4.10　其他标记

（1）超链接标记

在浏览 Web 页面时，用户不可能只看一个页面，信息的链接和页面的跳转就由超链接标记 <a> 完成，a 标记指向另外一个文件或者同文档中的其他位置。其常用属性见表 2-8 所列。

表 2-8　a 标记的常用属性

属 性	说 明
href	用于指定链接的地址
id	该链接的索引值，以便其他位置的引用
name	该链接的名称，以便在同一网页的其他位置引用
target	设置链接对象的显示位置
title	用于指定超链接对象的题目

（2）<marquee> 标记

<marquee> 标记用来设置走动的文字，即跑马灯效果。其常用属性见表 2-9 所列。

表 2-9 <marquee> 的常用属性

属 性	说 明
behavior	设置文字的运动效果,它有 3 个属性值:scroll 表示文字循环运动(默认);slide 表示文字一接触左边就全部消失;alternate 表示文字左右运动
direction	设置文字的运动方向,它有 2 个属性值:left(默认)和 right
bgclolr	设置文字的背景颜色
height	设置运动文字的高度
width	设置运动文字的宽度
hspace	设置文字的水平空白位置
vspace	设置文字的垂直空白位置
loop	设置文字运动的次数
scrollamount	设置每个文字间的间隔
scrolldelay	设置文字运动的停顿时间,单位为毫秒

2.2 CSS 样式表

CSS 的全名为 Cascading Style Sheets,即"层叠样式表",简称样式表,用来定义网页的显示样式。在 HTML 中,网页内容和网页样式是混为一体的,如果先修改某个网页的样式,就需要对网页进行逐句修改,非常麻烦。单纯使用 HTML 的标记和属性,有时达不到需要的效果。层叠样式表是一系列格式设置规则,使用 CSS 可以灵活控制页面外观,包括从精确的布局定位到特定的字体样式,它提供了便利的更新功能,当更新某个 CSS 样式时,链接到该样式的所有文档的格式都会自动更新样式。

2.2.1 样式表的定义与应用

CSS 格式设置规则由选择器和声明两部分组成。选择器是标识格式元素的术语,HTML 中的所有标记都可以作为选择器,如 p、td 等,另外,选择器还可以用 class 和 id 选择符来表示。声明用于定义元素样式,它由属性和值两部分组成。CSS 语法的一般格式如下:

选择符{属性:属性值;属性:属性值;…}

例如:

```
h1{color:Red; font-family:宋体;}
```

2.2.1.1 标记选择符

标记选择符是以 HTML 标记作为名称的选择符,如 body、p、tr、h1 等。通过 CSS 可以重新定义这些标记的显示样式,如 p 选择符就可以定义页面所有 <p> 标记的样式风格。

如果通过标记选择符定义了样式,则在网页中的所有相应的 HTML 标记都会自动按照定义的 CSS 样式进行显示。

例如，以下代码段定义了 <h1> 标记的字体大小和字体颜色，网页中所有未指定样式的 h1 标记内容的文字均会显示为字号 18px，文字颜色为绿色：

```
<html>
   <head>
     <style type="text/css">
              h1{ font-size:18px; color:green}
     </style>
   </head>
   <body>
       <h1>CSS Demo</h1>
   </body>
</html>
```

2.2.1.2　class 选择符

使用类选择符定义样式有以下两种形式：

形式 1：标记名.类名{规则 1；规则 2；…}

形式 2：.{规则 1；规则 2；…}

第一种形式定义的样式只能用于指定名称的标记上，例如：

```
p.back{ background-color:#888888;}
```

只能在 p 标记上用该样式，为标记加入 class 属性。例如：

```
<p class="back">这段文字的背景色应用了样式</p>
```

第二种形式定义的样式则不受限制，可应用于所有标记。例如：

```
.red{ font-size:12px; color:Red; font-family:宋体;}
```

同样可以为 p 标记应用该样式，也可被其他标记应用，如 input 标记。例如：

```
<p class="red">使用了 class 选择符 </p> <input class="red" name="Addr">
```

如果使用了标记选择符，则可以使用类选择符去改变个别已定义了样式的标记选择符的样式。

2.2.1.3　id 选择符

id 选择符用于定义一个元素独有的样式，它与类选择符的区别在于，id 选择符在一个 HTML 文件中只能使用一次，而类选择符可以多次引用。id 选择符定义的格式如下：

#id 名{规则 1；规则 2；…}

例如：

```
#red{ font-size:12px; color:Red; font-family:宋体;}
```

要为某个标记应用该样式,需要标记中加入 id 属性,属性值为指定的 id 名。例如:

```
<p id="red">应用 id 选择符</p>
```

2.2.1.4 上下文选择符

上下文选择符定义嵌套标记的样式,标记中间空格分开。例如:

```
td p{font-size:12px; color:Red; font-family:宋体;}
```

表示在 HTML 文档中出现嵌套标记 <td> <p> … </p> </td> 的地方应用样式。例如:

```
<table><tr><td><p>嵌套标记的样式使用</p></td></tr></table>
```

2.2.1.5 群定义

多个选择符要定义同样的样式,可以用逗号分隔。例如:

```
p,h1,a{ font-size:12px; color:Red; font-family:宋体;}
```

群组选择符可以简化 CSS 编写,使用群组选择符可以定义多个相同样式的标记选择符。

2.2.1.6 伪类

伪类是特殊的类,它可以被支持 CSS 的浏览器自动识别,根据标记的状态自动应用样式。需要注意的是:伪类不能用 class 属性来指定。伪类定义的格式如下:

选择符:伪类{规则1;规则2;…}

伪类最常见的应用是超链接(a 标记),超链接有各种访问状态,包括已访问链接(visited link)、可激活链接(active link)等。例如:

```
a:link{color:#FF0000;}      /* 未被访问的链接  红色 */
a:visited{color:#00FF00;}   /* 已被访问的链接  绿色 */
a:hover{color:#FFCC00;}     /* 鼠标悬浮在上的链接  橙色 */
a:active{color:#0000FF;}    /* 鼠标点中激活的链接  蓝色 */
```

由于 CSS 优先级的关系(后面比前面的优先级高),在写 a 的 CSS 时,一定要按照 a:link、a:visited、a:hover、a:active 的顺序书写。

2.2.2 样式表的种类

CSS 按其位置可以分为内嵌样式、内部样式表和外部样式表 3 种。

2.2.2.1 内嵌样式

内嵌样式是写在 HTML 标记中的,只对所在的标记有效。其语法格式如下:

<标记 style="属性:属性值;属性:属性值;…">…</标记>

例如：

```
<p style = " font-size:12px; color:Red;" >…</p>
```

该样式定义 <p></p> 中的文字大小是 12px，字体颜色是红色。

2.2.2.2　内部样式表

内部样式表在 HTML 的 <head></head> 内定义，只对所在的网页有效。

下面是内部样式表的定义与使用的例子：

```
<html>
<head>
  <title>内部样式的定义与使用</title>
  <style type = "text/css">
  h1.mylayout{ border-width:1; border:solid; text-align:center; color:Red;}
  </style>
</head>
<body>
  <form id = "form1" runat = "server">
  <div>
  <h1 class = "mylayout">这个标题使用了样式！</h1>
  <h1>这个标题没有使用了样式！</h1>
  </div>
  </form>
</body>
</html>
```

在浏览器中预览，得到的结果如图2-4所示。

2.2.2.3　外部样式表

将样式定义保存到一个以 .css 为扩展名的文件中，然后在每个需要用到这些样式的网页中引用这个 CSS 文件。例如，将以下样式保存到文件 mycss.css 中：

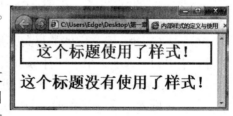

图 2-4　内部样式表的定义与使用

```
h1.mylayout{ border-width:1; border:solid; text-align:center; color:Red;}
```

然后在网页的 <head></head> 标记里使用 link 标记链接到外部样式文件，代码如下，其运行结果与图 2-4 一致。

```
<html>
<head>
  <title>外部部样式的使用</title>
  <link href = "mycss.css" rel = "stylesheet"  type = "text/css">
</head>
<body>
```

```
        <h1 class = "mylayout">这个标题使用了样式！</h1>
        <h1>这个标题没有使用了样式！</h1>
    </body>
</html>
```

外部样式表是比较常用的一种方式，外部样式表可以使网页打开的速度更快。这是因为浏览器在下载外部样式表的时候，还会在访问者的计算机上保存这个文件(一个被称为高速缓存的文件)，以便下次能够更快的访问，当浏览者跳到该网站上使用同一个样式表的网页时就不用下载，可以直接去这个高速缓存里读取。另外，只要修改保存着网站格式的 CSS 样式表文件就可以改变整个站点的风格特色，在修改页面数量庞大的站点时，显得格外有用，避免了一个一个网页的修改，大大减少了重复劳动的工作量。

2.2.3 常见样式属性

CSS 属性可分为字体属性、文本属性、颜色属性、背景属性、方框属性、分类属性和定位属性等部分。

2.2.3.1 字体属性

字体属性用于设置字体的名称、大小、显示风格等。

① font-family：定义字体名称，如 .s1{ font-family:宋体}。

② font-size：定义字体大小。有多种单位表示，最常用的就是 pt 和 px(pixel)。

③ font-style：定义字体风格。取值有 normal、italic、oblique，其中 normal 是默认值，italic 和 oblique 均为斜体显示。

④ font-weight：定义字体浓淡，取值有 normal(正常)和 bold(加粗)。

⑤ font-variant：定义变化字体，取值有 normal 和 small-caps，normal 是默认值，small-caps 表示小的大写字体。

⑥ line-height：定义字体的行高，其值可以按单位值和百分比进行设置。在字体的综合写法中为可选项，用斜杠符与 font-size 分隔。

⑦ font：各种字体属性的一种快捷的综合写法。

各项的排列顺序和格式为[<font-style> || <font-variant> || <font-weight>]? < font-size >[/ < line-height >]? < font-family >。

例如 .s1{ font: italic normal bold 16px arial} 表示为样式 s1 定义的字体选用 arial，风格为斜体，浓淡为加粗，大小为 16px，font-variant 为 normal。

2.2.3.2 文本属性

文本属性包括设置文本的对齐方式、修饰、缩进以及行高和间距等。

① text-align：定义文本对齐方式。取值有 left(左对齐，默认值)、right(右对齐)、center(居中对齐)、justify(两端对齐)。

② text-decoration：定义文本修饰。取值有 none(无，默认值)、underline(下划线)、overline(上划线)、line-through(中间划线)。

③ text-indent：定义文本缩进。默认值为 normal，其值有按长度和百分比两种设定方法。按长度设置可以用绝对单位(cm、mm、in、pt、pc)或相对单位(em、ex、px)，相对单位指相对 normal 情形的增减值；百分比设置是相对于父对象宽度的百分比(父对

象就是外层标记)。

④ line-height：定义行高。默认值为 normal，其值有按长度和百分比两种设定方法。

⑤ letter-spacing：定义字间距。默认值为 normal，其值有按长度和百分比两种设定方法。

⑥ text-transform：定义文本的转换。取值有 none(无，默认值)、capitalize(首字母大写)、uppercase(字母转大写)和 lowercase(字母转小写)。

2.2.3.3 颜色和背景属性

① background-color：定义背景颜色。

② background-image：定义背景图片。

③ background-repeat：与 background-image 属性一起使用，设置背景的重复。其中 repeat 为默认值，沿水平和竖直两个方向重复；repeat-x 表示背景图片横向重复；repeat-y 表示背景图片竖向重复；no-repeat 表示背景图片不重复。

④ background-attachment：与 background-image 属性一起使用，决定图片是跟随内容滚动还是固定不动。有两个值，一个是 scroll(滚动)，另一个是 fixed(固定)，默认值是 scroll。

⑤ background-position：与 background-image 属性一起使用，决定背景图片的最初位置。有按百分比定位，也有按偏移像素值定位。默认值为 0%，该值代表左上角为起始位置。

2.2.3.4 列表属性

列表属性用于设置列表标记(<ol>和<ul>)的显示特性，包括类型、位置、列表图片等。

① list-style-type：定义列表样式类型。取值有 disc(默认值，黑圆点)、circle(空心圆点)、square(小黑方块)、decimal(数字排序)、lower-alpha(小写字母排序)、upper-alpha(大写字母排序)、none(无列表项标记)。

② list-style-position：定义列表样式位置。取值有 outside(以列表项内容为准对齐)、inside(以列表项标记为准对齐)。

③ list-style-image：定义列表样式图片。例如：

```
ul{list-style-image:url(circle.gif)}
```

④ list-style：为列表样式的快捷综合写法。例如

```
ul{list-style:circle inside url(circle.gif)}
```

如果无任何风格，则可用 list-style：none。

2.2.3.5 边框、边距和间隙属性

(1)边框属性

边框属性用于设置边框的宽度、风格、颜色。设置方式较多，上下左右4个边框既可以统一设定，也可以分开设定。

① 设置边框宽度的属性 border-top-width、border-bottom-width、border-left-width、 border-right-width 属性用于设置元素上、下、左、右边框的宽度,具体取值可通过常量或长度单位决定。常量有 medium(默认值,中等)、thin(细)、thick(粗),长度单位可以用绝对单位或相对单位。

② 设定边框风格　通过 border-style 属性设置,取值为 none(没有边框)、hidden(隐藏)、dotted(点线)、dashed(破折线)、solid(直线)、double(双线)、groove(凹槽)、ridge(突脊)、inset(内陷)、outset(外突)。

③ 设定边框颜色　border-top-color、border-bottom-color、border-left-color、border-right-color 属性用于设定上、下、左、右边框的颜色。

(2) 边距属性

边距属性用来设置页面中一个元素所占空间的边缘到相邻元素之间的距离。具体属性有 margin-top、margin-bottom、margin-left、margin-right,分别用来设置上、下、左、右边距。

(3) 间隙属性

间隙属性(padding)用来设置元素内容到元素边界的距离。具体属性有 padding-top、margin-bottom、padding-left、padding-right,分别用来设置上、下、左、右间隙。padding 属性值有:auto,由浏览器计算间隙;length,规定以具体单位计算的间隙值,如像素、厘米等,默认值为 0px;%,规定基于父元素的宽度的百分比的内边距;inherit,规定间隙从父元素继承。

CSS 中还有一个重要的概念,即盒子模式,如图 2-5 所示。

边距属性(margin)是元素所占空间的边缘到相邻元素之间的距离。

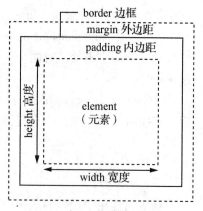

图 2-5　CSS 盒子模式

2.2.3.6　定位与布局属性

(1) 定位属性

CSS 中用 top、left 和 position 来定位某个元素的绝对位置或相对其他元素的相对位置。top 属性用于设置元素与窗口上端的距离,left 用于设置元素与窗口左端的距离,position 属性用于设置元素位置的模式,它有 3 个取值,分别为:absolute 绝对位置,原点在所属块元素的左上角,使用 left、right、top、bottom 等属性相对于其最接近的一个有定位设置的父对象进行绝对定位,如果不存在这样的父对象,则依据 body 对象;relative 相对位置,相对于 HTML 文件中本元素的前一个元素的位置;static 静态位置,按照 HTML 文件中元素的先后顺序显示。position 属性的默认值为 static。top、left 属性通常与 position 属性配合使用。

(2) float(浮动)

float 属性用于页面元素的布局设置,取值有 none(默认值,对象不浮动)、left(对象向左浮动)、right(对象向右浮动)。float 属性和 position 属性的区别在于:float 是相对定位,会随着浏览器的大小和分辨率的变化而改变,而 position 则不会。所以在一般情况下采用 float 进行布局,在局部可能会用到 position 进行定位。

(3) 设置可见性

设置可见性有 display 属性和 visibility 属性。以下为 display 属性的 3 个常见值:

① block 块对象的默认值。

② none 隐藏对象。与 visibility 属性的 hidden 值不同，不能被隐藏的对象保留空间，也就是说页面上其他内容将填充隐藏元素所占的空间。

③ inline 内联对象的默认值。

网页的可视文档对象分为块对象(block)和内联对象(inline)。例如，div 是一个块对象，span 是一个内联对象。块对象的特征是从新的一行开始且能包含其他块对象和内联对象。内联对象显示不会重新开始，它只能容纳文本或其他内联对象。block 对象的高度、行高以及顶和底边距都可控制；inline 对象的高度、行高以及顶和底边距不可改变。

2.3 XML

2.3.1 XML 概述

XML(eXtensible Makeup Language，可扩展标记语言)是用于标记电子文档，使其具有结构性的一种标记语言，是 W3C 组织于 1998 年 2 月发布的标准。XML 是标准通用标记语言(Standard Generalized Markup Language，SGML)的一个子集，是一个精简的 SGML，它将 SGML 的丰富功能与 HTML 的简单、易学、易用有机结合到 Web 应用中，克服了 SGML 过于庞大、难学难推广，HTML 欠缺伸缩性和灵活性以及在电子数据交换(Electronic Data Interchange)、数据库、搜索引擎、单向超链接等方面的局限性，使得用户可以定义不限数量的标记来描述文件中的任何数据元素，突破 HTML 固定标记集合的约束，使文档内容丰富灵活，与结构自成一体。特别是 XML 文档可用中文描述 Web 页面信息元素标记，这一特性使得使用中文的设计者易学易懂，大大提高了设计 Web 页面的效率。

XML 保留了 SGML 的可扩展功能，它不再像 HTML 那样使用固定的标记，而是允许定义数量不限的标记来描述文档中的资料，允许嵌套的信息结构，它的功能远远超过了 HTML。HTML 只是 Web 显示数据的通用方法，而 XML 提供了一个直接处理 Web 数据的通用方法。HTML 着重描述 Web 页面的显示格式，而 XML 着重描述 Web 页面的内容。XML 主要用于表达数据，由于其具有很强的表达能力和高度的灵活性，并且易于扩展，因此得到了广泛的应用。XML 不是要替换 HTML，而是可以视作 HTML 的补充。HTML 回归于"定义文档结构"的本位，信息本身使用 XML 表达，而 CSS 则确定了信息的外在表现形式，HTML + XML + CSS 构成了当代互联系网技术的基石。

2.3.2 XML 与 HTML 的区别

XML 是一种元素描述语言，并不像 HTML 那样使用一种固定的标记集合来描述固定的元素内容。在 HTML 语言中，如果用户所要的标记不在目前所使用标记语言的标记集合内，则只能期待在下一个版本中包含它。这通常使得文件的发展受限于标记语言的提供能力。XML 所提供的并不是一组已定义好的标记供使用，而是一种用来制定标记的规则，也就是说，使用 XML 可以创建自己所需的标记，而创建标记所要遵循的规范就是 XML。由自己创建的标记也可以保存为一种文件，称为 DTD(Document Type Definition)，而 DTD 记录的就是所定义文件的方法。

尽管 XML 和 HTML 都使用标记，但是它们是不同的，其中最主要的区别是 XML 专门用来描述文本的结构，而不是用于描述如何显示文本。XML 并没有一套固定的标记，相比之下，HTML 则包含了外观格式、文件结构和布局的标记。例如，<b>是字体变为粗体的外观标记；<title>是设置文档标题的标记；<td>则是表格的单元格布局标记等，事实上，有许多的 HTML 标记是 3 种特性都具备的，这使得文件的可读性降低。

讨论了 XML 与 HTML 的区别后，可知 XML 使用标记来描述结构化的数据，而 HTML 则定义了一组显示数据的机制(标记)。XML 的特点和功能如下：

(1) 定义专业领域的标记语言

以前一些专业领域的信息是无法用一般的标记语言来描述的，现在则可以使用 XML 制定该专业的标记语言来表达。例如，CML(Chemical Markup Language)就是使用 XML 制定的描述化学专业的语言。

(2) 通用的数据格式

通常计算机以二进制方式存储数据，如果没有使用专业软件就不能读取，而且一旦数据有部分损毁，就可能无法读取信息。XML 可以完全以文本格式编写，所以即使没有开发工具，还是能够利用其他工具来读写，并且即使资料有部分损坏，也不会造成无法使用文件的情形。

(3) 数据交换容易

由于 XML 是文本文件，所以非常便于查看和编写，而且也没有文件格式的版权问题。例如，如果使用 Word 的文档格式，就必须有 Word 的使用权(安装 Word)。因为 XML 是一种公开的格式，所以没有这方面的问题，非常适合作为不同应用程序之间的数据交互格式。

XML 还可以和其他标准一起配合使用，例如 XSL 和 XLL。XSL 是专为 XML 所设计的样式表，用来描述 XML 的显示方式，而 XSL 本身也是一种 XML 设计出的文件格式；XLL 是 XML 的连接语法，主要分为 XLinks 和 XPointer 两种。

W3C 对 XML 的描述是：XML 描述了一类被称为 XML 文档的数据对象，并部分描述了处理它们的计算机程序的行为

2.3.3 XML 文档格式

XML 的文档格式由序言部分和一个根元素组成。序言包括 XML 声明和 DTD 或 XML Schema，两者是用来描述 XML 文档结构的，也就是描述元素和属性应遵守的类型约束。

2.3.3.1 元素

元素是 XML 文档内容的基本单元，是由起始标记、元素内容和结束标记组成的。其语法格式为：

<标记>文本内容<标记/>

在 XML 中没有任何保留字，除了必须遵守下列规范外，可以用任何词语来作为元素名称：

(1) 名称中可以包含字母、数字及其他字母。

(2) 名称不能以数字或"_"(下划线)开头。

(3) 名称不能以字母 xml(或 XML 或 Xml…)开头。

(4) 名称中不能包含空格或":"(冒号)。

无论文本内容有多长或多么复杂，XML 元素中仍可以再嵌套其他元素，这样就可

以使相关信息按一定层次结构进行组织。

2.3.3.2 处理指令

处理指令为 XML 解析器提供信息，使其能够正确解释文档内容，它的起始标识是"＜?"，结束标识是"? ＞"。常见的 XML 声明就是一个处理指令：

```
<? xml version = "1.0" standalone = "yes/no" encoding = "UTF-8"? >
```

声明的作用是告诉浏览器或其他处理程序：这个文档是 XML 文档。声明语句中的 version 属性标识文档所遵循的 XML 规范的版本；standalone 表示文档是否附带 DTD 文件，如果有，则参数为 no；encoding 表示文档所用的语言编码，默认是 UTF-8。为支持中文显示，可在 XML 文档开头加入如下处理指令：

```
<? xml version = "1.0" encoding = "gb2312"? >
```

处理指令还有其他用途，如定义文档的编码方式是 GB 码还是 Unicode 码，或是把一个样式单文件应用到 XML 文档上用于显示。

2.3.3.3 注释

注释可出现在 XML 元素间的任何位置，但是不可以嵌套，它与 HTML 中的定义形式一样。其语法格式如下：

<!--注释-->

2.3.3.4 属性

属性为元素提供了进一步的说明信息，必须出现在起始标记中。属性以名称/取值成对出现，名称与取值之间用等号"＝"分隔，并用引号把取值引起来，例如：

```
<salary currency = "us $" >25000 <salary >
```

上例中的属性说明了薪水的货币单位是美元。

下面是一个学生的收费情况，采用 XML 文档来描述，其内容如下：XML 中定义了 student 的根结点，用来记录某个学生的信息，示例中学号为"2014310011"，姓名为"王明"，专业为"信息管理与信息系统"，学费信息有两个学费信息的结点，结点标记为 tuitionFee，每个学费信息包含学年、收费项目、已付金额、待付金额的信息。

```
<? xml version = "1.0" encoding = "utf-8" ? >
<student >
    <No >2014310011 </No >
    <Name >王明 </Name >
    <Major >信息管理与信息系统 </Major >
    <tuitions >
        <tuitionFee >
            <year >2014 </year >
            <item >学费 </item >
            <payed >4000 </payed >
            <unpayed >500 </unpayed >
```

```
        </tuitionFee>
        <tuitionFee>
            <year>2014</year>
            <item>学费</item>
            <payed>4500</payed>
            <unpayed/>
        </tuitionFee>
    </tuitions>
</student>
```

XML 文件是一个文本文件，可以使用任何文本编辑器（如记事本）来编辑，但 Visual Studio 提供的编写环境可以提示错误和自动完成标记，给编写 XML 文档带来很大的方便。

一个 XML 文档首先要满足"格式良好"的要求。具体包括以下几点：

（1）根元素唯一。

（2）起始标记和结束标记应当匹配，其中结束标记是必不可少的。空标记是指标识对之间没有内容的标识，其必须关闭，如将
 写为
。

（3）大小写应一致。XML 对字母的大小写是敏感的，<salary> 和 <Salary> 是完全不同的两个标记，所以结束标记在匹配时一定要注意大小写一致。

（4）元素应正确嵌套。子元素完全包括在父元素中。<A><B></A></B> 就是嵌套错误。

（5）属性值必须包括在引号中。在 HTML 代码中，属性值可以加引号，也可以不加。但是在 XML 中则规定所有属性值必须加引号（可以是单引号，也可以是双引号），否则将被视为错误。

（6）元素中的属性是不允许重复的。

XML 文档的"有效性"是指一个 XML 文档应遵守 DTD 文件或 Schema 的规定，"有效的"XML 文档肯定是"格式良好的"。

2.4 JavaScript

2.4.1 JavaScript 简介

2.4.1.1 JavaScript 的起源

20 世纪 90 年代，上网越来越流行，对开发客户端脚本的需求也逐渐增大。此时，网页已经不断地变得更大和更复杂，而大部分 Internet 用户还仅仅通过 28.8kbit/s 的速率连接到网络，更加加剧用户痛苦的是，仅仅为了简单的表单有效性验证，就要与服务器进行多次往返交互。设想一下，用户填完一个表单，单击提交按钮，等待了 30s 的处理后，看到的却是一条告诉你忘记填写必要的字段的提示信息，这是很痛苦的事情。那时正处于技术革新最前沿的 Netscape，开始认真考虑开发一个客户端脚本语言来解决这一问题。

当时工作于 Netscape 的 Brendan Eich，开始着手为即将在 1995 年发行的 Netscape Navigator 2.0 开发一个称之为 LiveScript 的脚本语言，目的是同时在浏览器和服务器（本来要称它为 LiveWire)端使用它。Netscape 与 Sun 公司联手及时完成了 LiveScript。在 Netscape Navigator 2.0 即将正式发布前，Netscape 将其更名为 JavaScript，目的是为了利用 Java 这个因特网时髦词汇。Netscape 的赌注最终得到回报，JavaScript 从此变成了因特网的必备组件。

在微软进军浏览器市场后，有 3 种不同的 JavaScript 版本同时存在：Netscape Navigator 3.0 中的 Java-Script、IE 中的 JScript 以及 CEnvi 中的 ScriptEase。与其他编程语言不同的是，JavaScript 并没有一个标准来统一其语法或特性，而这 3 种不同的版本恰恰突出了这个问题。随着业界担心的增加，这个语言标准化显然已经势在必行。

1997 年，JavaScript 1.1 作为一个草案提交给欧洲计算机制造商协会(ECMA)。第 39 技术委员会(TC39)被委派来"标准化一个通用、跨平台、中立于厂商的脚本语言的语法和语义"(http://www.ecma-international.org/memento/TC39.htm)。由来自 Netscape、Sun、微软、Borland 和其他一些对脚本编程感兴趣的公司的程序员组成的 TC39 锤炼出了 ECMA-262，该标准定义了叫作 ECMAScript 的全新脚本语言。

在接下来的几年里，国际标准化组织及国际电工委员会(ISO/IEC)也采纳 ECMAScript 作为标准（ISO/IEC-16262）。从此，Web 浏览器就开始努力(虽然有着不同程度的成功和失败)将 ECMAScript 作为 JavaScript 实现的基础。

2.4.1.2 JavaScript 的特点

JavaScript 是一种脚本语言，采用小程序段的方式进行编程。它可以直接嵌入 HTML 文档中，浏览器能够理解并能够在页面下载后对 JavaScript 语句进行解释执行。

JavaScript 是一种功能强大的语言，它可以和 HTML 完美地结合在一起。运用 JavaScript 可以控制 HTML 页面，并对页面中的某些事件做出响应，如可以在页面的表单提交时进行数据有效验证。JavaScript 还提供了许多内置对象和浏览器对象，运用这些对象，可以方便地编写脚本，实现一些其他语言所无法实现的功能。

由于 JavaScript 是在浏览器中解释执行的，所以，它具有平台无关性，无论是什么系统，只要用户使用的浏览器支持 JavaScript，JavaScript 就能够在其中正确运行。

JavaScript 是一种基于对象(Object Based)和事件驱动(Event Driver)的编程语言，它本身提供了非常丰富的内部对象供设计人员使用。

JavaScript 用于客户端，实现在网页中编写好代码，此代码随 HTML 文件一起发送到客户端的浏览器上，由浏览器对这些代码进行解释执行，这样就减轻了服务器的负担。

2.4.1.3 JavaScript 的作用

JavaScript 可以弥补 HTML 的缺陷，可以制作出多种网页特效，其主要作用如下：

(1)增加动态效果

HTML 是一种标记性语言，可以格式化网页内容，但是 HTML 没有语法，不具有编程能力，不能实现动态效果。而 JavaScript 正好可以弥补 HTML 的不足，可以将动态效果在网页中显示。

(2)读写 HTML 元素

JavaScript 可以读取 HTML 元素的内容，也可以改变 HTML 元素的内容，因此 JavaScript 可以在网页中动态地添加 HTML 控件。

(3)响应事件

JavaScript 是基于事件的语言，因此可以影响用户或浏览器产生的事件。只有事件产生时才能执行某段 JavaScript 代码，如用户单击图片后显示另一张图片等。

(4)验证表单数据

JavaScript 还常用来验证表单中用户填写的数据。只有用户填写的表单完全正确才将数据提交到服务器上，以减少服务器的负担和网络宽带的压力。

(5)检查浏览器

JavaScript 可以检查用户的浏览器情况，根据不同浏览器载入不同的网页。

(6)创建 Cookies

JavaScript 可以创建和读取 Cookies，可以用来记录用户状态，可以减少用户的部分操作，如让曾经登录过的用户在某个时间内不需再次登录。

另外，JavaScript 也是 AJAX 程序的核心技术之一。如果用户有一些编程经验，会觉得 JavaScript 比较熟悉，即使没有任何编程经验，也没有问题，网上有很多 JavaScript 特效，可以直接复制进网页使用，前提是必须对 JavaScript 的基本知识有所了解。

2.4.1.4　JavaScript 的组成

ECMAScript JavaScript 作为一种网络客户端的脚本语言，由以下 3 个部分组成。

(1)ECMAScript

ECMAScript 是 JavaScript 的核心，描述了语言的基本语法和对象。ECMAScript 经历了 3 个版本的更新，现在大多数网络浏览器都支持 Edition3。ECMAScript 主要提供语言相关的信息与标准，如语法、类型、声明、关键字、保留字、操作运算符、对象等。

(2)文档对象模型

文档对象模型(Document Object Model，DOM)描述了作用于网页内容的方法和接口。DOM 是 HTML 的一个应用程序接口，也经历了 3 个版本的更新，其中以第一和第二版本的使用最为广泛，在第二个版本中，最重要的特性莫过于提供了事件响应的接口、处理 CSS 的接口和移动窗口的接口，并且能够控制代码树的结构等。除了使用最多的 DOM Core 和 DOM HTML 标准接口，部分其他语言也拥有自己的 DOM 标准，如 SVG、MathML、ML。

(3)浏览器对象模型

浏览器对象模型(Browser Object Model，BOM)描述了和浏览器交互的方法和接口，例如弹出新的浏览器窗口，移动、改变和关闭浏览器窗口，提供详细的网络浏览器信息(Navigator Object)、详细的页面信息(Location Object)、详细的用户屏幕分辨率的信息(Screen Object)，对 Cookies 的支持等。BOM 作为 JavaScript 的一部分并没有相关标准的支持，每一个浏览器都有自己的实现，虽然有一些非事实的标准，但还是给开发者带来了一定的麻烦。

2.4.2　JavaScript 的基本语法成分

JavaScript 在语法上与 Java 和 C#类似。这里不全面介绍 JavaScript 的各项语言特性和技术，而只介绍在 Web 程序设计中使用 JavaScript 编程所必须掌握的基本语法。

2.4.2.1　在网页中插入 JavaScript 代码

在 HTML 网页中插入 JavaScript 语句，应使用 HTML 的 <script> 标记；或者使用

<script language = "javascript">，但 language 属性在 W3C 的 HTML 标准中已不再推荐使用。

JavaScript 程序可以放在 HTML 网页的 <body> 标记或 <head> 标记中，经常将代码编写为函数形式放在 HTML 的 <head></head> 中，当用户操作网页的某个对象时触发事件，通过执行事件处理来调用该 JavaScript 函数。

如果某个 JavaScript 程序被多个 HTML 网页使用，最好的方法是将这个 JavaScript 程序放到一个扩展名为 .js 的文本文件中，在需要使用时，用如下方式引入页面中：

```
<script language ="javascript" src="xx.js"></script>
```

这样可以提高代码的复用性，减轻代码维护的负担。

下面是求一个数的阶乘的例子：

```
<html>
<head>
<title>无标题文档</title>
</head>
<body>
<script language ="javascript">
   var n = 6,f = 1;
   for (k = 1; k <= n; k++)
{
     f = f * k;
     }
   alert(n +" ! =" + f);//显示6!值
</script>
</body>
</html>
```

在浏览器中预览，得到的结果如图 2-6 所示。

例子说明：

（1）JavaScript 程序由 JavaScript 语句构成，语句间用分号分隔，也可以省略分号。用 { } 括起来的一组语句称为语句块，语句块在语法上相当于一条单独的语句。语句块中的每条语句用分号表示结束，但是语句块本身不用分号。当语句很长时要让代码自动换行，一条语句中不能有硬回车。

（2）为了程序的可读性，可以在程序中为代码写注释。JavaScript 有两种注释，即单行注释和多行注释。单行注释以两个斜杠//开头；多行注释用/*表示开始，用*/表示结束。

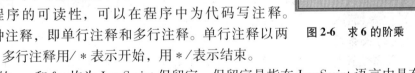

图 2-6　求 6 的阶乘

（3）程序中的 var 和 for 均为 JavaScript 保留字。保留字是指在 JavaScript 语言中具有特定含义，成为 JavaScript 语法中一部分的那些字。JavaScript 保留字有 break、delete、function、return、typeof、case、do、if、switch、var、catch、else in、this、void、continue、false、instanceof、throw、while、debugger、finally、new true、with、default、for、null、try。

2.4.2.2 数据类型与变量

(1) 变量的声明与赋值

变量是用来临时存储数值的容器。在使用一个变量之前，通常要用 var 声明这个变量，变量之间用逗号相隔。例如：

```
var x,y,z;
var a=2,b=3;
```

变量的值是可以变化的。JavaScript 提供了 3 种基本的数据类型，分别为数值型、逻辑型和字符串型，另外还有 undefined 和 null 两个特殊情形。当声明了一个变量而未赋值前，该变量值为 undefined。没有声明的变量为 null 型，它也只有一个值 null。

另外，JavaScript 中还有引用数据类型，该类型的变量存储的内容是一个地址指针，为所指对象在内存单元的位置。对象、数组和函数均属于引用类型。

(2) 变量的命名规则

变量名可以是任意长度，它必须符合下列规则：

① 变量名的第一个字符必须是英文字母或下划线符号"_"。

② 变量名的第一个字母不能是数字，而其后的字符可以是英文字母、数字或下划线。

③ 变量名不是 JavaScript 的保留字。

【注】 JavaScript 代码是区分大小写的。例如变量 myname 和 Myname 表示的是两个不同的变量。同样，对象 window 也不能写成 Window。

(3) 变量的作用域

变量的作用域是指定变量的存活范围，在 JavaScript 中，变量的作用域可分为过程级和页面级。所谓过程级指变量只在函数过程内有效，而页面级指变量在整个页面有效。

① 函数中用 var 定义的变量只在函数体内有效，如果出现同名，则屏蔽函数外的变量。

② 如果变量未用 var 定义，则意味着使用函数外同名的变量；如果没有同名的函数外变量，则此变量在函数外仍然有效。

2.4.2.3 JavaScript 运算符

(1) 算术运算符

算术运算符有 +(加法)、-(减法)、*(乘法)、/(除法)、%(求余数)、++(自增)、--(自减)。

(2) 关系运算符

关系运算符有 >(大于)、>=(大于等于)、<(小于)、<=(小于等于)、!=(不等)、==(等于)、===(全等于)、!==(不全等于)。

其中，===(全等于)表示不仅值相等，而且数据类型也相等。例如，如果有 x=2；y="2"；则 x===y 为 False 值，而 x==y 为 True。!==(不全等于)表示不等于或类型不同。

(3) 逻辑运算符

逻辑运算符有与(&&)、或(||)、非(!)。

(4) 位运算符

位运算符是对操作数以二进制比特(bit)位为单位进行的操作运算,其操作数和结果都是整型量。下面列出几种位运算符和相应的运算规则,见表 2-10 所列。

表 2-10 位运算符

运算符	用 法	操 作
~	~ op	结果是 op 按比特位求反
>>	op1 >> op2	将 op1 右移 op2 个位(带符号)
<<	op1 << op2	将 op1 左移 op2 个位(带符号)
>>>	op1 >>> op2	将 op1 右移 op2 个位(不带符号的右移)
&	op1&op2	op1 和 op2 都是 true
|	op1|op2	op1 或 op2 是 true
^	op1^op2	op1 和 op2 是不同值

(5) 赋值运算符

赋值组合运算符是指在赋值运算符的左边有一个其他运算符,例如:

```
x + = 2;//相当于 x = x + 2
```

其功能是先将左边变量与右边的表达式进行某种运算,再把运算的结果赋给变量。能与赋值运算符结合的运算符包括算术运算符(+ 、- 、* 、/、%)和位运算符(&、|、^、>>、<<、>>>)。

2.4.2.4 内置函数

JavaScript 中有如下几种常用的全局函数。

① eval(string) 返回字符串表达式中的值,如 eval("2 + 4 * 5")的结果为 22。

② isFinite(exp) 确定一个变量是否为数字(或可转换为有限数字),如果是则返回 true,否则返回 false。

③ isNaN(n) 确定一个变量是否为 NaN,如果是则返回 true,否则返回 false。

④ parseFloat(floatstring) 返回实数,若字符串不是以数字开头,则返回 NaN。

⑤ parseInt(numberstring, radix) 将第一个参数所给的数字串换为 radix 指定的进制的数值。若字符串不是以数字开头,则返回 NaN。如果第二个参数为默认参数,则返回十进制数。

⑥ escape(string) 对字符串的特殊字符进行转换编码,以满足特殊处理的要求。

⑦ unescape(string) 完成 escape()函数的逆操作,将编码后的串恢复到源串。

2.4.3 JavaScript 程序控制流

在任何一种语言中,程序控制流是必须的,它能使得整个程序按其一定的方式执行。下面是常用的 JavaScript 程序控制流结构及语句。

2.4.3.1 if 条件语句

基本格式如下:

```
if(表述式)
    语句段1;
else
    语句段2;
```

功能：若表达式为 true，则执行语句段1；否则执行语句段2。

说明：if-else 语句是 JavaScript 中最基本的控制语句，通过它可以改变语句的执行顺序。表达式中必须使用关系语句，来实现判断，它作为一个布尔值来估算。它将零和非零的数分别转化成 false 和 true。若 if 后的语句有多行，则必须使用花括号将其括起来。

if 语句的嵌套格式如下：

```
if(布尔值)语句1;
else  if(布尔值)语句2;
else  if(布尔值)语句3;
……
else 语句4;
```

在这种情况下，每一级的布尔表述式都会被计算，若为真，则执行其相应的语句，否则执行 else 后的语句。下面我们来看一个实例：

```
<html> <head> <title>if 语句测试程序</title>
<script language = "JavaScript">
    myDate = newDate();
    curHour = myDate.getHours();
    if(curHour <12){
        document.write("早上好" + "<br>")
    }else{
        document.write("下午好" + "<br>")
    }
</script> </head> <body> </body> </html>
```

【说明】 该例子先定义了一个变量 myDate 并用 newDate 函数取得当前的时间，然后通过变量 curHour 取得当前的小时数，通过与 12 比较来确定是"早上"还是"下午"再用 if 语句分别执行相应的语句程序，即问"早上好"或"下午好"。

2.4.3.2 for 循环

如果希望一遍又一遍地运行相同的代码，并且每次的值都不同，那么使用循环是很方便的。下面是 for 循环的语法：

```
for (语句1;语句2;语句3)
{
    被执行的代码块
}
```

【说明】 语句1 在循环(代码块)开始前执行，语句2 定义运行循环(代码块)的条件，语句3 在循环(代码块)已被执行之后执行。下面我们来看一个实例，程序利用 for

循环计算 0 至 5 的累加，并在每次循环时显示出变量 i 的数值：

```
for (var i=0; i<5; i++)
{
document.write( "The number is " + i + "<br>" );
}
```

2.4.3.3 for…in 循环

for…in 语句循环遍历对象的属性。下面是该语句的语法：

```
for (对象中的变量)
{
    要执行的代码
}
```

【说明】 for…in 循环中的代码块将针对每个属性执行一次。下面是 for…in 的循环遍历对象属性的一个实例：

```
var person={fname:"Bill",lname:"Gates",age:56};
for (x in person)
{
  txt=txt + person[x];
}
```

2.4.3.4 while 循环

while 循环会在指定条件为真时循环执行代码块。下面是 while 的语法：

```
while (条件)
{
    需要执行的代码
}
```

下面是一个 while 的实例，例中，只要变量 i 小于 5 则循环就会继续运行：

```
while (i<5)
{
  x=x + "The number is " + i + "<br>";
  i++;
}
```

2.4.3.5 break 和 continue 语句

对大多数情况，使用循环足以控制程序的执行情况，但偶尔也希望跳过几次迭代或完全跳出循环。continue 和 break 语句提供了这种机制，例如：

```
for ( var   c = 1; c < =10; c + +)
{
  if ( c ==3 ) continue;
  if ( c ==5) break;
  document.write( c );
  document.write(" <br >");
}
```

本例中,每次循环都会检测变量 c 是否等于 3 或等于 5。如果等于 3 则不执行之后的语句,如果等于 5 则直接结束循环语句,提前终止循环。运行的结果为 1、2 和 4。

2.4.4 JaveScript 在客户端的应用

由于 JavaScript 在网页中使用,网页通过浏览器浏览,在浏览器中打开一个网页时浏览器会自动创建一些对象,这些对象存放了 HTML 页面的属性和其他相关信息。浏览器对象主要包括 navigator、window、document、location 和 history 对象等,对象之间有从属关系,其子对象包括 location 对象、document 对象和 history 对象等。在程序中子对象被认为是父对象的属性。例如,要引用 document 对象,应该用格式 window.document。下面分别介绍这些对象。

2.4.4.1　window 对象

window 对象反映的是一个完整的浏览器窗口。只要浏览器窗口打开,即使浏览器中没有加载任何页面,JavaScript 也会建立该对象。该对象对应于 HTML 文档中的 <body> 和 <frameset> 两种标记。

在客户端 JavaScript 中,window 对象是全局对象,所有的表达式都在当前的环境中计算。也就是说,要引用当前窗口根本不需要特殊的语法,可以把那个窗口的属性作为全局变量来使用,因此可以直接写 document,而不必写 window.document。同样,可以把当前窗口对象的方法当做函数来使用,如只写 alert( ),而不必写 window.alert( )。

Window 对象的 window 属性和 self 属性引用的都是其本身。当想明确地引用当前窗口,而仅仅是隐式地引用它时,可以使用这两个属性。除了这两个属性之外,parent 属性、top 属性以及 frame[ ]数组都引用了与当前 window 对象相关的其他 window 对象。

要引用窗口中的一个框架,可以使用如下语法:

```
frame[i]         //当前窗口的框架
self.frame[i]    //当前窗口的框架
w.frame[i]       //窗口 w 的框架
```

要引用一个框架的父窗口(或父框架),可以使用下面的语法:

```
parent           //当前窗口的父窗口
self.parent      //当前窗口的父窗口
w.parent         //窗口 w 的父窗口
```

要从顶层窗口含有的任何一个框架中引用它,可以使用如下的语法:

```
top              //当前窗口的顶层窗口
self.top         //当前窗口的父窗口
w.top            //框架 w 的顶层窗口
```

window 对象的一些常用属性见表 2-11 所列。

表 2-11 window 对象的常用属性

属　　性	说　　明
closed	判断一个窗口是否关闭
frames	记录当前窗口中所有框架的信息，是一个 frame 对象的数组
parent	指明当前窗口或框架的父窗口
defaultstatus	默认状态，它的值显示在窗口的状态栏中
status	状态栏中当前显示的信息
top	定义一系列浏览器上层的浏览器窗口
window	表示当前窗口
self	引用当前文档对应的窗口
history	提供当前窗口的历史记录，可在网页导航中发生作用
location	代表浏览器的地址栏

下面介绍一些常用的使用 window 对象完成的常用功能。

（1）导航和打开新窗口

使用 window.open()方法，可以创建一个新窗口或在指定的命令窗口中打开页面。该方法接受 4 个参数，即 url、新窗口的名称、特性字符串和说明是否用新载入的页面替换当前载入的页面的 boolean 值；一般只用前 3 个。

特殊字符串是用逗号分隔的设置列表，它定义新创建窗口某些方面的特性。例如，打开一个窗口，加载页面 1.html，窗口设有工具栏、地址、状态栏，没有菜单栏、滚动栏和目录按钮，窗口高 300px、宽 300px，具体实现的代码如下：

```
varmywin = window.open("1.html", null,
    " toolbar = yes,status = yes,directories = no,menubar = no,scrollbar = no,width
=300px,height =300px");
```

这里使用变量 mywin 来引用新打开的窗口；而新窗口没有名字，因为新窗口名字处的值为 null。

（2）关闭窗口

close()方法用于关闭一个浏览器窗口。例如，要关闭上面建立的 mywin，格式如下：

```
mywin.close();
```

（3）系统对话框

与系统对话框相关的有以下 3 个方法：

① alter 方法　用于弹出一个警示框，在警示框内显示字符串文本。例如：

```
alert("没有找到您需要的数据!");
```

② confirm 方法　用于弹出一个确定框，在确定框内显示字符串文本，通常在用户决定某些行动是否采取时使用。用户单击"确定"按钮时返回 true，否则返回 false。

③ prompt 方法　用于弹出一个提示框，提示框中显示字符串，并且有一个文本框要求用户输入信息。如果用户修改文本框内的文本后，单击"确定"按钮，则返回用户输入的字符串；如果单击"取消"按钮，则返回 null 值。

2.4.4.2 document 对象

document 对象比较特殊,它既属于 BOM,又属于 DOM。每个载入浏览器的 HTML 文件都会成为 document 对象,document 对象使用户可以从脚本中访问 HTML 页面中的所有元素。document 对象是 window 对象的一部分,可以通过 window.document 属性对其进行访问。

(1) document 对象的属性

document 对象存储当前页的一些信息,代表的是当前整个页面,页面的前景色、背景色、链接颜色、图像等都作为 document 对象的属性存在。表 2-12 列出了 document 对象的常用属性。

表 2-12 document 对象的常用属性

属 性	说 明
title	页面的标题,相当于 HTML 文档中 <title> 和 </title> 之间的内容
lastModified	页面最后修改的日期
bgcolor	页面的背景色,相当于 HTML 中的 <body> 的 bgcolor 属性
fgcolor	页面的前景色,相当于 HTML 中的 <body> 的 text 属性
alinkcolor	鼠标单击时链接的颜色
vlinkcolor	已访问过的链接的颜色
url	指定页面对应的 url 地址
anchors	页面中所有锚的集合(由 <a name = "anchorname"></a> 表示)
applets	页面中所有 applets 的集合
embeds	页面中所有潜入对象的集合(由 <embed/标记表示>)
froms	页面中所有表单的集合
images	页面中所有图像的集合
links	页面中所有链接的集合(由 <a href = " "></a> 表示)

(2) document 对象的方法

document 对象的常用方法有 write、wirteln、clear、open 和 close 等。write 将字符串写到一个新文档中;writeln 将字符串写到一个新文档,并在字符串末尾加上换行符;clear 清除文档当前内容;open 和 close 打开一个新文档并关闭当前文档。

2.4.4.3 location 对象

location 对象提供当前页面的 URL 信息,它有一组属性,用于存储 URL 的各个组成部分,通过相应的方法可以重载当前页面或载入新页面。表 2-13 列出了 location 对象的属性。

表 2-13 location 对象的属性

属 性	说 明
hash	如果页面中有页面内跳转的锚标,则 hash 属性返回 href 中#号后面的字符串
host	提供 URL 页面所在的 Web 服务器主机名称和端口号
hostname	提供 URL 的主机名称

(续)

属　性	说　　明
href	提供整个 URL
pathname	提供文档在主机上的路径及文件名
port	返回 URL 中的端口部分
protocol	协议名称
search	提供完整 URL 中"?"后面的查询字符串

在浏览网页时常会发生搜索站点的页面 URL 中问号"?"后还有一些信息的情况，这些信息往往是提交到服务器上进行搜索的信息。

location 对象的方法有 reload、replace 和 assign。reload 方法用来刷新当前页面，相当于工具栏上的刷新按钮。例如，定义一个刷新页面的按钮，格式如下：

```
< input type = "button" value = "刷新" onclick = "location.reload()" />
```

需要说明的是，reload 可以带一个 boolean 类型的参数。该方法没有规定参数，或者参数是 false，它就会用 HTTP 头 if-Modified-Since 来检测服务器上的文档是否已改变。如果文档已改变，reload()会再次下载该文档。如果文档未改变，则该方法将从缓存装载文档。这与用户单击浏览器的刷新按钮的效果完全一样。

如果把该方法的参数设置为 true，那么无论文档的最后修改日期是什么，它都会绕过缓存，从服务器上重新下载该文档。这与用户在单击浏览器的刷新按钮时按住 shift 键的效果完全一样。

replace 方法用指定的 URL 地址代替当前页面；assign 方法将当前页面导航到指定的 URL 地址。

2.4.4.4　history 对象

history 对象存储最近访问过的 URL 地址。它有一个 length 属性，用于记录该对象存储的 URL 地址个数，其方法有 back、forward、go、home 等。back 方法用于指示浏览器载入历史记录的下一个 URL 地址，相当于浏览器工具栏中的前进按钮；home 方法用于指示浏览器载入预先设定的主页；go 方法用于指示浏览器载入历史记录中指定的历史地址。例如：

```
window.history.go(-1); //后退一页
window.history.go(-2); //后退两页
window.history.go(2);  //前进两页
```

也可使用以下语句：

```
window.history.back();    //后退一页
window.history.forward(); //前进一页
```

2.4.4.5　navigator 对象

navigator 对象保存浏览器厂家、版本和功能信息。navigator 的常用属性有：appCodeName 属性，提供当前浏览器的代码名；appName 属性，提供当前浏览器的名称；

appVersion属性,提供当前浏览器的版本号;userAgent 属性,反应浏览器完整的用户代理标识。navigator 还有一个 JavaEnabled( )方法,用于指出在浏览器中是否可以使用 Jave 语言,该方法的返回值是一个布尔值。

本章小结

本章介绍了 Web 技术相关概念、动态网页与静态网页,以及主要的客户端技术 HTML、CSS 和 JavaScript。通过举例,让读者了解相关语法。还介绍了客户端编程语言 JavaScript 的基本语法以及在客户端的编程。通过本章的学习,读者应理解 Web 基本架构,掌握 JavaScript 基本的编程技能。

习 题

1. 静态网站和动态网站有哪些区别?
2. CSS 样式表的作用是什么?
3. 利用记事本编写一个简单的 HTML 静态页面,并利用 CSS 来设置元素的样式。
4. 利用 JavaScript 编辑一个摄氏温度转为华氏温度的程序。

第 3 章　ASP.NET 基础

本章学习目标

本章介绍 ASP.NET 开发环境的建立，创建 ASP.NET Web 应用程序的方法，页面的处理过程、母版页的概念以及主题与外观的设置。通过本章的学习，读者应该掌握以下内容：
- ASP.NET 环境搭建。
- 创建 ASP.NET Web 窗体。
- 创建母版页。
- 主题和外观的设置。

3.1　.NET 平台

.NET 是建立在开放体系结构基础上的一套可以用来构建和运行新一代 Microsoft Windows 和 Web 应用程序的平台，其目的是简化 Web 开发。.NET 平台包括：

① NET Framework。
② NET 企业服务器。
③ NET 构建模块服务。
④ NET 开发工具(Visual Studio.NET)。

3.1.1　Microsoft.NET 战略和.NET 框架

随着网络经济的到来，微软希望帮助用户能够在任何时候、任何地方、利用任何工具来获得网络上的信息，并享受网络通信所带来的方便和快捷。设立.NET 就是为了实现上述目标。微软公开宣布，今后将着重于网络服务和网络资源共享的开发工作，并将为公众提供更加丰富、有用的网络资源与服务。

微软新一代平台的正式名称叫做"新一代 Windows 服务(NGWS)"，并给这个平台注册了正式的商标——Microsoft.NET，于 2002 年 4 月发布。在.NET 环境中，微软不仅仅是平台和产品的开发者，并且还将作为架构服务提供商、应用程序提供商，以便全方位开展基于 Internet 的服务。

Microsoft.NET 平台的基本思想是：将侧重点从连接到互联网的单一网站或设备上，转移到计算机、设备和服务群组上，使其通力合作，提供更广泛更丰富的解决方案。用户将能够控制信息的传送方式、时间和内容。计算机、设备和服务将能够相辅相成，从而提供丰富的服务，而不是像从前的孤岛那样，由用户提供唯一的集成。企业可以提供一种方式，允许用户将他们的产品和服务无缝地嵌入自己的电子构架中。这种思路将扩展 20 世纪 80 年代首先由 PC 所赋予用户的个人权限。

Microsoft.NET 开创了互联网的新局面，基于 HTML 的信息显示通过 XML 得到增强。XML 是由"万维网联盟"(W3C)定义且受到广泛支持的行业标准，HTML 标准也是由该组织发布的。XML

提供了一种从数据的演示视图分离出实际数据的方式,这是新一代互联网的关键,能方便对信息的组织、编程和编辑,可以更有效地将数据分布到不同的数字设备,并允许各站点进行合作,提供可以相互作用的 Web 服务(Web Service)。

Microsoft . NET 平台包括用于创建和操作新一代服务的 . NET 基础结构和工具;可以启用大量客户机的 . NET 用户体验;用于建立新一代高度分布式的数以百万计的 . NET 积木式组件服务以及用于启用新一代智能互联网设备的 . NET 设备软件。

. NET 环境中的突破和改进在于:

① 使用统一的 Internet 标准(如 XML)将不同的系统对接。

② 这是 Internet 上首个大规模的高度分布式应用服务框架。

③ 使用了一个名为"联盟"的管理程序,这个程序能全面管理平台中运行的服务程序,并且为它们提供强大的安全保护后台。

. NET Framework 是 . NET 战略的核心,是一种分布式的运算框架,以 XML 为基础,以 Web 为核心,并结合其他多种技术最大限度地利用 Internet 上丰富的资源来提高工作效率。. NET 框架的基本思想是把原有的重点从连接到 Internet 的单一网站或设备转移到计算机、设备和服务群组上,而将 Internet 本身作为新一代操作系统的基础。这样,用户就能够控制信息的传送方式、时间和内容,从而得到更多的服务。

. Net 框架可以理解为一系列技术的集合,如图 3-1 所示,主要包括 . NET 语言、公共语言规范、. NET 框架类库、公共语言运行时(Common Language Runtime,CLR)。CLR 是 . NET 框架的运行环境,位于 . NET 框架的底层,为基于 . NET 平台的一切操作提供一个统一的、受控的运行环境。. NET 框架类库位于 CLR 之上,包含许多高度可重用性的接口种类,并且完全面向对象,它既是 . NET 应用软件开发的基础类库,也是 . NET 平台本身的实现基础。ADO. NET 为 . NET 框架提供统一的数据访问技术,与以前的数据访问技术相比,ADO. NET 主要增加了对 XML 的充分支持、新数据对象的引入、语言无关的对象的引入以及使用和 CLR 一致的类型等,利用这些对象可以轻松地完成对数据库的复杂操作。

3.1.2 VS2010 和 . NET4.0

3.1.2.1 VS2010 的新特点

Visual Studio 是 Microsoft 出品的开发工具,对于 . NET 的开发,先后有 Visual Studio 2002/2003/2005/2008,分别用来开发 . NET1.0、2.0 和 3.5,Visual Studio 2010 是目前较新的版本。Visual Studio 2010 支持的最高级 . NET framework 是 . NET Framework 4.0,同时还支持 . NET Framework 1.X、. NET Framework 2.0 和 . NET Framework 3.5。

在 ASP. NET 的 Web 项目开发方面,Visual Studio 2010 开发环境主要做了以下几方面改进:

(1)起始项目模板

不论是使用新建网站模板创建 Web 项目,还是使用新建 Web 应用程序模板创建 Web 项目,Visual Studio 2010 都会提供两种模板供选择,如图 3-2 所示。

其中,使用 ASP. NET 空 Web 应用程序模板创建的是一个空的 Web 项目,而使用 ASP. NET Web 应用程序模板创建的 Web 项目是一个带有许多开发模板文件的项目。

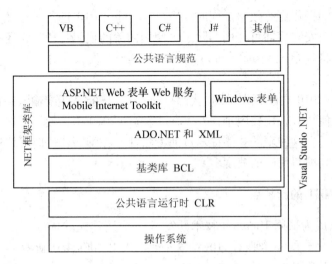

图 3-1 .NET4.0 框架体系结构

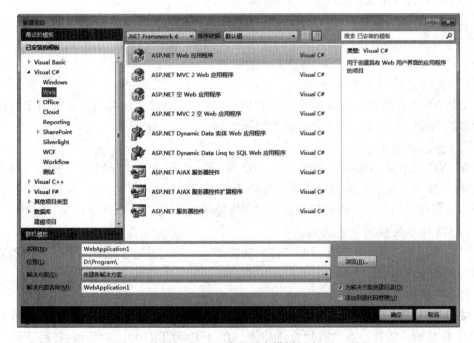

图 3-2 使用新建 Web 应用程序模板创建 Web 项目

（2）多定向支持

如图 3-2 所示，Visual Studio 2010 的多定向支持允许在 Visual Studio 2010 集成开发环境中同时开发或运行.NET 2.0、.NET 3.0、.NET 3.5、.NET 4 版本的程序。因此，也可将任何.NET 2.0、.NET 3.0、.NET 3.5 的项目版本升级到.NET 4。

（3）多显示器支持

Visual Studio 2010 允许将编辑器、设计器和工具窗口移到顶层窗口之外，放在屏幕的任何地方、系统的任何显示器上。这可以显著地改善屏幕的可使用面积，优化总的开发工作流程。

（4）ASP.NET、HTML、JavaScript 代码片段支持

Visual Studio 2010 提供了对 ASP.NET、HTML、JavaScript 代码片段支持，代码片段允许创建一段代码和标识，然后只需最少量的字符输入就可很快地在应用中将其施用，

使得源码视图内的操作更有效率。同时，Visual Studio 2010 包含了超过 200 个内置的代码片段，这些片段安装后即可使用，除了可使用内置的代码片段外，还可以创建自定义的代码片段，可将其导入 Visual Studio 2010，与其他开发人员分享。

(5) 代码的智能提示

Visual Studio 2010 之前版本中的"代码智能提示"功能是匹配输入字符的所有项，但这样的提示往往使得查找比较困难，在 Visual Studio 2010 中，使用了过滤功能，过滤了一些不相关的提示。这种新的智能提示过滤方法便于在编写代码时可快速找到并使用类和成员，从而提高编写代码的速度。

3.1.2.2 ASP.NET 的新特点

ASP.NET 已成为采用 Microsoft 技术开发 Web 应用程序的标准，并成为微软对抗其他所有 Web 开发平台的一个强有力的竞争平台。ASP.NET 4.0 新增了一些功能，其中最重要的包括以下几点：

(1) 一致的 XHTML 呈现

ASP.NET 3.5 将 ASP.NET 网页呈现为 XHTML 文档，但要实现这样的功能，还有一些工作要做（如需要把配置文件里的严格型 XHTML 设置为 true）。ASP.NET 4.0 自动完成了这些工作，使用整洁的 XHTML 作为标准。

(2) 更新后的浏览器检测

ASP.NET4.0 发布了更新过的浏览器定义文件，这意味着服务器端呈现引擎可以识别更多的浏览器，并为它们提供正确的目标支持。

(3) 会话状态压缩

在 .NET 2.0 中，Microsoft 给 system.IO.Compression 命名空间增加了 gzip 支持。现在 ASP.NET 可以用它压缩传送到进程外会话状态服务的数据。这项技术只可用于很少的应用场景中，但如果可以使用的话，它对性能的提升几乎是自动的。

(4) 选择性的视图状态。

可以关闭整个页面的视图状态，然后在需要的时候打开它。这样可以很方便地减小页面的大小。

(5) 可扩展的缓存

缓存是 ASP.NET 最早提供的一项功能，但除了 SQL SERVER 缓存依赖外，从 .NET 1.0 开始，缓存一直没有什么新功能。在 ASP.NET 4.0 中，Microsoft 终于开始公开缓存扩展的功能，这样就能够使用新类型的缓存存储，包括分布式的缓存解决方案。

(6) Char 控件

通过 Char 控件，可以制作二维和三维图形。

(7) 翻新的 Visual Studio

Visual Studio 2010 加入了一些改进，如智能感知及简化的 Silverlight 内容设计的全新可视化设计器。

(8) 路由

ASP.NET MVC 支持有意义的、搜索引擎友好的 URL。现在在 ASP.NET 4.0 中也可以使用相同的路由技术重定向 Web 表单请求。

(9) 更好的部署工具

现在 Visual Studio 可以创建 Web 包，其中的压缩文件包括应用程序的内容以及 SQL Server 数据库架构、IIS 设置等内容。Web 包还可以和全新的 Web.Config 转换功能配合使用,它可以清晰地区分应用程序测试编译设置以及部署实例设置。

(10) ASP.NET MVC 插件

采用模型-视图-控制器(MVC)模型构建 Web 页面的方式与标准的 Web 表单模型截然不同,其核心思想是应用程序被分解为 3 个逻辑部分。模型包含应用程序特定的业务代码,如数据访问逻辑以及验证规则。视图通过把模型呈现为 HTML 页面而创建模型的恰当表现。控制器协调整体的显示,处理用户交互,更新模型并向视图传送信息。MVC 模型抛弃了 ASP.NET 的几个传统概念,包括 Web 表单、Web 控件、视图状态、回发和会话状态,因此,它要求开发人员以全新的方式来思考。MVC 模型更为整洁,对 Web 也更为适用。

(11) ASP.NET 动态数据

ASP.NET 动态数据是一个基架框架,通过它可以快速创建数据驱动的应用程序。当和 LINQ to SQL 或者 LINQ to Entities 一起使用时,动态数据提供端对端的解决方案,从解析数据库架构到提供完整功能的 Web 应用程序,支持查看、编辑、插入和删除记录。动态数据是基于模板,组件化且完全可自定义的框架,是创建以数据为中心的应用程序的理想工具。

3.2 建立 ASP.NET 开发环境

安装 Microsoft Visual Studio 2010 的具体步骤如下:

(1)运行安装程序:选择 setup.exe 后,应用程序会自动跳转到如图 3-3 所示的"Microsoft Visual Studio 2010 安装程序"界面。该界面上有两个安装选项,即安装 Microsoft Visual Studio 2010 和检查 Service Release,选择安装第一项。

图 3-3 "Microsoft Visual Studio 2010 安装程序"界面

(2)单击第一个安装选项"安装 Microsoft Visual Studio 2010",弹出如图 3-4 所示的"Microsoft Visual Studio 2010 旗舰版"界面。

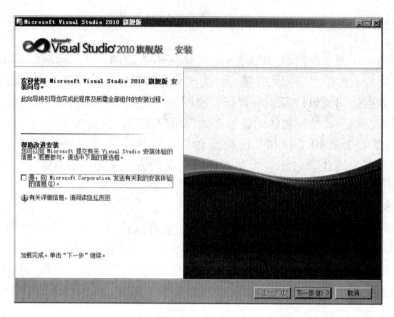

图 3-4 "Microsoft Visual Studio 2010 旗舰版"界面

(3) 单击"下一步"按钮，弹出如图 3-5 所示的"Microsoft Visual Studio 2010 旗舰版安装程序 – 起始页"界面，该界面左侧显示的是关于 Visual Studio 2010 安装程序的所需组件信息，右侧显示用户许可协议。

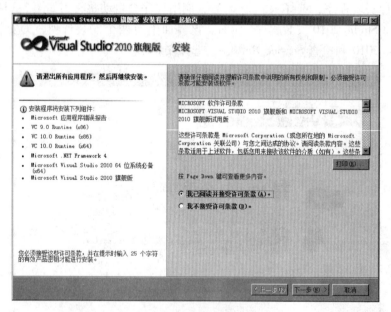

图 3-5 "Microsoft Visual Studio 2010 旗舰版安装程序 – 起始页"界面

(4) 选中"我已阅读并接受许可条款"单选按钮后，单击"下一步"按钮，弹出如图 3-6 所示的"Microsoft Visual Studio 2010 旗舰版安装程序 – 选项页"界面，用户可以选择要安装的功能和产品安装路径。

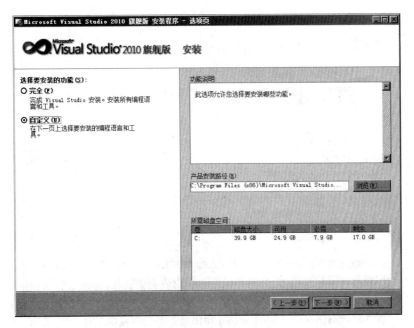

图 3-6 "Microsoft Visual Studio 2010 旗舰版安装程序 – 选项页"界面

(5)在图 3-6 中,选择好产品安装路径后单击"下一步"按钮,进入选择要安装的功能界面,如图 3-7 所示。

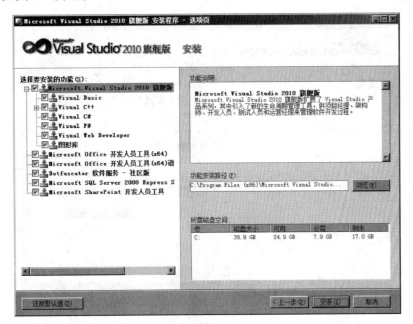

图 3-7 选择要安装的功能

(6)选择好要安装的功能后,单击"安装"按钮,进入如图 3-8 所示的"Microsoft Visual Studio 2010 旗舰版安装程序 – 安装页"界面,正在安装组件。

图 3-8 "Microsoft Visual Studio 2010 旗舰版安装程序 – 安装页"界面

(7) 安装完毕后，单击"下一步"按钮，弹出如图 3-9 所示的"Microsoft Visual Studio 2010 旗舰版安装程序 – 完成页"界面，单击"完成"按钮。至此，Visual Studio 2010 程序开发环境安装完成。

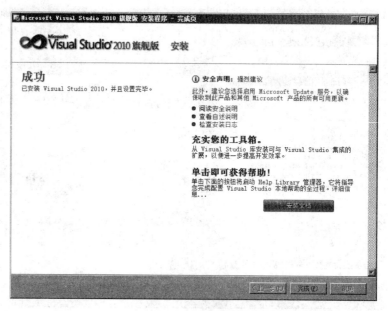

图 3-9 "Microsoft Visual Studio 2010 旗舰版安装程序 – 完成页"界面

3.3 创建 ASP.NET Web 应用程序

3.3.1 启动 Visual Studio 2010

依次选择"开始"→"所有程序"→Microsoft Visual Studio 2010→Microsoft Visual Studio

2010 命令,打开"Microsoft Visual Studio2010"软件。

3.3.2 定制开发环境

打开"Microsoft Visual Studio 2010"软件后,第一次使用 Microsoft Visual Studio 2010 前,需要对开发环境进行设置,选择默认环境设置为 Visual C#开发设置,如图 3-10 所示。

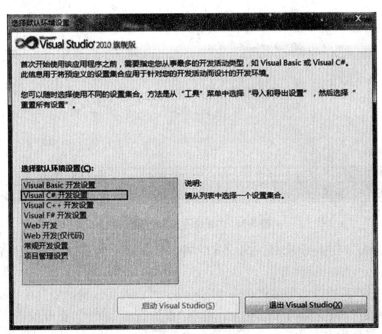

图 3-10 定制开发环境

3.3.3 创建第一个 ASP.NET Web 应用程序

创建 ASP.NET Web 应用程序的步骤如下:

(1)启动 Visual Studio 2010 开发环境,首先进入"起始页"界面,如图 3-11 所示。在该界面中,执行"文件"→"新建网站"命令,打开如图 3-12 所示的"新建网站"对话框。

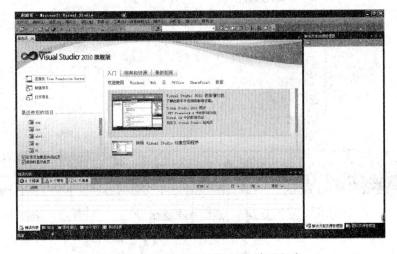

图 3-11 创建 ASP.NET Web 应用程序

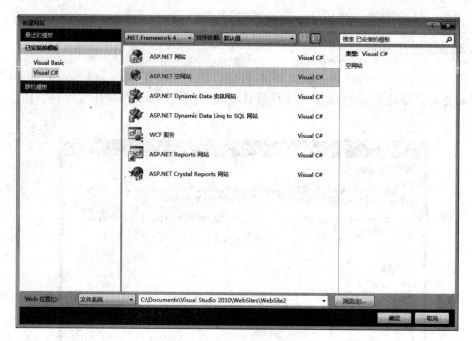

图 3-12 "新建网站"对话框

(2)在"模板"列表框中选择"ASP.NET 空网站"选项,然后设置网站的位置,并选择编程语言。

(3)单击"确定"按钮,即可创建一个空网站,可以看到该网站中只有 Web.config 文件,在解决方案资源管理器中右击网站,选择"添加新项"命令,打开如图 3-13 所示的对话框,默认名称为 Default.aspx,可以改为自己喜欢的名称。单击"添加"按钮后,就可以开始设计页面了。

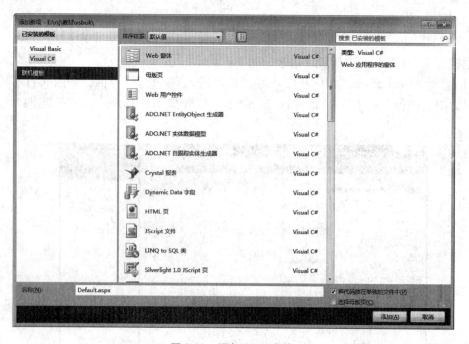

图 3-13 添加 Web 窗体

3.4 ASP.NET 应用程序页面

Web 窗体是一项 ASP.NET 功能，使用 Web 窗体可为 Web 应用程序创建用户界面。Web 窗体页提供了一种强大而直接的编程模型，该模型使用快速应用程序开发（RAD）技术来生成基于 Web 的复杂用户界面。

3.4.1 Web 窗体的特点

Web 窗体页具有下列特点：

（1）基于 Microsoft ASP.NET 技术。在该技术中，在服务器上运行的代码动态地生成到浏览器或客户端设备的 Web 页上输出。

（2）兼容所有浏览器或移动设备。Web 窗体页自动为样式、布局等功能呈现正确的、符合浏览器的 HTML。此外，还可以选择将 Web 窗体页设计为在特定浏览器（如 Microsoft Internet Explorer 5）上运行并利用多样式浏览器客户端的功能。

（3）兼容.NET 公共语言运行库所支持的任何语言，其中包括 Microsoft Visual Basic、Microsoft Visual C# 和 Microsoft JScript.NET。

（4）基于 Microsoft.NET Framework 生成。它提供了该框架的所有优点，包括托管环境、类型安全性和继承。

（5）在 Visual Studio 中强大的快速应用程序开发（RAD）工具受到支持，该工具用于对窗体进行设计和编程。

（6）可使用为 Web 开发提供 RAD 功能的控件进行扩展，从而能够快速地创建多样式的用户界面。

（7）具有灵活性，可以向它们添加用户创建的控件和第三方控件。

3.4.2 Web 窗体结构

创建网站后，接下来的工作是设计 Web 页面。在 Visual Studio 2010 中，一个 Web 窗体页面包含"设计"视图、"拆分"视图和"源"视图 3 个部分。

在"设计"视图中，用户可以从工具箱中直接选择各种控件添加到 Web 页面上，也可在页面中直接输入文字。例如，从工具箱中手动添加一个 TextBox 控件、一个 Button 控件和一个 Label 控件到文档窗口，如图 3-14 所示。

图 3-14 "设计"视图

此外，也可以在"源"视图中添加或修改 HTML 标记设计 Web 页面，如图 3-15 所示。

图 3-15 "源"视图

3.5 ASP.NET 页面结构

Visual Studio 2010 为构建 ASP.NET 页面的代码提供了两种途径。

第一种途径利用内联编码模型,所有的代码都包含在一个扩展名为.aspx 页面中,这种模型非常类似于传统的 ASP 代码模型,所有的代码以及 HTML 标记都被存放在一个单一的.aspx 文件内,代码都是内联在一个或多个脚本块内的,内联代码仍然支持智能感知以及动态调试,而且这些代码也不像传统 ASP 代码那样被一次执行,在内联代码模式中还可以控制事件和使用子程序。这种模型将所有东西都放在一个包内,比较方便,适合用于编写简单的网页。

第二种途径使用 ASP.NET 后台编码模型,允许将页面的业务逻辑代码与显示逻辑代码分开,在前一节中的例子即采用该模型,这种模型将每个 ASP.NET 网页分离到两个文件内:一个是包含 HTML 以及空间标签的.aspx 文件,另一个是包含页面源代码的.cs 文件,这种模型提供用户界面和编程逻辑的分离对于构建复杂的页面非常重要。这是开发环境默认的途径。

3.5.1 ASP.NET 内联语法

Web 程序窗体页除了可以包含 ASP.NET 指令、静态 HTML 代码外,还可以包含以下 9 种语法标记元素标记的内容。

3.5.1.1 代码呈现块语法

代码呈现块使用 <%……%> 标记元素表示。标记元素中的代码块在 Web 窗体页呈现阶段执行。代码呈现块可以为两种样式,即内联表达式和内联代码。

(1) 内联表达式的语法

```
<% =内联表达式%>
```

下述代码将显示内联表达式中 count 变量的值，且内联表达式的值将在 Web 窗体页呈现阶段计算：

```
<%=count%>
```

（2）内联代码的语法

```
<% 内联代码%>
```

下述代码可显示 4 行"我喜欢 ASP.NET"字符串，注意，内联代码是在 Web 窗体页呈现阶段计算：

```
<% for(int i=1;i<5;i++){%>
我喜欢 ASP.NET.<br/>
<%}%>
```

3.5.1.2 代码声明块语法

代码声明块定义嵌入文件的 <script> 标记元素中的服务器代码块。代码声明块语法如下：

```
<script runat="server" language="代码语言" src="路径">
    //代码块
</script>
```

runat 属性指定代码块是否在服务器端运行；language 属性指定代码块的编程语言；src 属性指定代码块要加载的外部文件。

3.5.1.3 Web 服务器控件语法

通过 Web 服务器控件语法，开发人员可以在 Web 窗体页上声明 Web 服务器控件。语法如下：

```
<tagprefix:tagname id="optionalID"
    attributename="value"
    eventname="eventhandlermethod"
    runat="server"/>
或者：
<tagprefix:tagname id="optionalID"
    runat="server"/>
```

tagprefix 表示控件的标记前缀，可以为任意名称。它表示被引用的标记所在命名空间一种缩写的形式。

tagname 指定被引用类关联的任意名称，即通常所使用控件的名称。如果要声明标签控件，则使用如下形式的代码：

```
<asp:label……/>
```

id 表示被声明控件的 ID 值。attributename 和 eventname 分别表示属性和事件的名称,它们一般和其值成对出现。runat = "server" 属性表示被声明的控件在服务器端运行。

3.5.1.4　HTML 服务器控件语法

使用 HTML 服务器控件语法可以在 Web 窗体页上声明 HTML 服务器控件。通常情况下,Web 窗体页中的 HTML 元素作为文本进行处理,并且不能在服务器端代码中引用这些元素。HTML 服务器控件和 HTML 元素最大的区别在于,HTML 服务器控件需要添加 runat = "server" 属性,并在服务器端运行。声明 HTML 服务器控件的语法如下:

```
< tagprefix runat = "server" />
```

tagprefix 表示控件的标记前缀,可以为任意名称。如果 runnat 属性的值为 server,则表示 HTML 服务器控件在服务器端运行。

3.5.1.5　数据绑定表达式语法

数据绑定表达式能够将控件属性绑定到数据容器的值,它通常放置在 <%#……%> 标记之中。当其父控件容器的 DateBind( ) 方法被调用时,将计算标记中表达式的值。声明数据绑定表达式的语法如下:

```
< tagprefix:tagname property = <% # 数据绑定表达式 % >" runat = "server" />
```

或者

```
文本表达式 <% # 数据绑定表达式 % >
```

tagprefix 表示控件的标记前缀,可以为任意名称;tagname 指定被引用类关联的任意名称,即通常所使用控件的名称;property 表示属性的名称,runat = "server" 属性表示该控件在服务器端运行。

3.5.1.6　服务器端对象标记语法

服务器端对象标记能够在 Web 窗体页中声明并创建 COM 和 .NET Framework 支持的对象,通过使用基于标记的声明性语法声明和创建变量的实例。服务器端对象标记的语法如下:

```
< objece id = "id" runat = "server" latebinding = "true |false" class = "类名称" >
或
< objece id = "id" runat = "server" latebinding = "true |false" progid = "COM 的编程ID" >
或
< objece id = "id" runat = "server" latebinding = "true |false" classid = "COM 的类ID" >
```

id 属性指定被创建对象的唯一名称；latebinding 属性指定是否支持后期绑定；class 属性指定被创建对象的类型名称；progid 属性指定被创建对象的编程标识符；classid 属性指定被创建对象的类标识符。

3.5.1.7 服务器端包含指令语法

使用服务器端包含指令能够将指定文件的内容插入到 Web 窗体页中，它的语法如下：

```
<!-- #include file|virtual = "filename"-->
```

服务器端包含指令有两个属性 file 和 virtual。file 属性指定被包含文件的物理路径；virtual 属性指定被包含文件的虚拟路径。

3.5.1.8 服务器端注释语法

服务器端注释语法允许将注释嵌入到 Web 窗体页的任何位置(除 <script> 代码块内部之外)。被注释的代码或内容将不被执行或呈现。服务器端注释语法如下：

```
<%--注释的内容或代码--%>
```

3.5.1.9 声明性表达式语法

声明性表达式可以在分析 Web 窗体页之前将值替换到页中。声明性表达式语法如下：

```
<% $ 表达式 %>
```

声明性表达式一个很重要的优点就是从配置文件 Web.Config 和资源文件中获取指定元素的值。

3.5.2 ASP.NET 的页面指令

ASP.NET 指令能够指定 Web 窗体页和用户控件的属性，当编译器在处理 Web 窗体页和用户控件时，这些属性生效。ASP.NET 中页面处理指令可以位于页面的任何位置，但习惯做法是将其置于文件的开始部分。页面处理指令不区分大小写，且指令的属性值(attribute)也不必加引号。指令以 <%@ 开头，以 %> 结束。

ASP.NET 指令包含 12 种指令，见表 3-1 所列。

表 3-1 ASP.NET 指令集

指 令	说 明
@ Page	指定 Web 窗体页的属性，这些属性将被 Web 窗体页分析器和编译器所使用
@ Control	指定用户控件的属性，这些属性将被 Web 窗体页分析器和编译器所使用
@ Master	指定母版页的属性
@ Import	将命名空间显式导入到 Web 窗体页或用户控件中
@ OutputCache	指定 Web 窗体页或用户控件的输出缓存策略
@ MasterType	指定与母版页相关的类

(续)

指　令	说　明
@ PreviousPageType	指定上一页的类型
@ Assembly	使得 Web 窗体页能够使用指定的程序集
@ Register	提供了一种引用用户控件或自定义控件的简明方法
@ Reference	将特定的 Web 窗体页或用户控件链接到当前的 Web 窗体页或用户控件
@ Implements	指示 Web 窗体页或用户控件所实现的接口
@ WebHandler	指定 HTTP 处理程序文件的属性

以上页面指令中@ Page 与@ PreviousPageType 仅用于页面中，@ Control 仅用于控件中，@ Master 与@ MasterType 仅用于母版页中。其余的页面指令可以同时用于页面与控件中。

(1)@ Page 指令

@ Page 指令能够指定 Web 窗体页的属性，这些属性将被 Web 窗体页分析器和编译器所使用。该指令的语法如下：

```
<% @ Page attribute = "value" [attribute = "value"……] % >
```

其中，attribute 表示属性的名称，value 表示属性的值。一个@ Page 指令可以包含一个或多个"属性/值"对。例如显示 Default. aspx 页面中的@ Page 指令：

```
<% @ Page Language = "C#" CodeFile = "Default. aspx. cs" Inherits = "_Default" % >
```

其中 Language 属性指定 Default. aspx 页面的编程语言为 C#；CodeFile 属性指定 Default. aspx 页面的代码隐藏文件为 Default. aspx. cs；Inherits 属性指定 Default. aspx 页面的代码包含在_Default 分部类中。

(2)@ Control 指令

@ Control 指令能够指定用户控件的属性，这些属性将被页分析器和编译器所使用。该指令的语法如下：

```
<% @ Control attribute = "value" [attribute = "value"……] % >
```

其中，attribute 表示属性的名称，value 表示属性的值。一个@ Control 指令可以包含一个或多个"属性/值"对。

3.5.3　ASP. NET 页面的处理过程

Web 窗体页运行时，它将经历一个生命周期，并在该生命周期中执行一系列处理步骤。这些步骤包括页面开始、页面初始化、页面加载、页面验证、页面回发事件处理、页面预呈现、页面呈现和页面卸载等。

(1) 页面开始

在页面开始阶段，将设置页的属性(如 Response 和 Request)，并确定当前页为新请求还是回发请求；如果当前页为新请求，则设置 IsPostBack 属性的值为 false；如果当前页为回发请求，则设置 IsPostBack 属性的值为 true。

(2) 页面初始化

经过页面开始阶段之后，页面将进入初始化阶段。在该阶段，页面将初始化其所有设置，并初始化页面包含的控件和主题。在此过程中，页面将引发 PreInit 和 Init 事件。PreInit 事件为页面最开始的操作，如检查 IsPostBack 属性的值以确定该页面是新请求还是回发请求、动态创建控件、设置页面的主题等；Init 事件实现读取或初始化控件的属性等功能。

(3) 页面加载

经过页面初始化阶段之后，页面将进入加载阶段。在该阶段，如果当前页面的请求为回发请求，则该页面将从视图状态和控件状态中加载控件的属性。在此过程中，页面将引发 Load 事件。

(4) 页面验证

经过页面加载阶段之后，将进入页面验证阶段。在该阶段，页面将调用所有验证控件的 Validate() 方法设置各个验证控件和当前页的 IsValid 属性值。

(5) 页面回发事件处理

经过页面验证阶段之后，将进入页面回发事件处理阶段。在该阶段，如果当前页为回发请求，则将调用所有事件处理程序，如 Button 控件的 Click 事件和 TextBox 控件的 TextChanged 事件等。

(6) 页面预呈现

经过页面回发事件处理阶段之后，页面将进入预呈现阶段。在该阶段，当前页将执行被呈现之前的处理步骤。在此过程中，页面将引发 PreRender 事件。

(7) 页面呈现

经过页面预呈现阶段之后，页面将进入呈现阶段。在该阶段，当前页首先保存该页及其控件的视图状态(ViewState)，然后调用每一个控件的 Rendering() 方法将控件呈现在页面中，即将为控件创建呈现的客户端的 HTML 代码，并通过 Response 对象的 OutputStream 属性输出到页面中。在此过程中，页面将引发 Render 事件。

(8) 页面卸载

Web 窗体页完全呈现在客户端之后，在准备丢弃该页之前，即进入页面卸载阶段。在该阶段，该页面将执行清理工作，如关闭文件、关闭数据库等。在此过程中，页面将引发 UnLoad 事件。

表 3-2 ASP.NET 文件类型

文件	扩展名
Web 用户控件	.ascx
HTML 页	.html
XML 页	.xml
母版页	.master
Web 配置文件	.config
全局应用程序类	.asax
Web 服务	.asmx

3.5.4 ASP.NET 的文件类型

ASP.NET 网页中包含多种文件类型，其常见的扩展名见表 3-2 所列。

3.6 Page 类

在用 ASP.NET 创建的 Web 系统中，每一个 ASPX 页面都继承自 System.Web.UI.Page 类，Page 类与扩展名为 .aspx 的文件相关联，Page 类是一个用作 Web 应用程序的用户界面的控件，其实现了所有页面最基本的功能。

3.6.1 基本事件

ASP.NET 网页运行时，此页将经历一个生命周期，在生命周期中将执行一系列处理步骤。这些步骤包括初始化、实例化控件、还原和维护状态、运行事件处理程序代码及进行呈现。在网页生命周期的每个阶段,网页都可以响应各种触发事件。对于控件事件,通过声明方式使用属性(如 Click)或以使用代码的方式,均可将事件处理程序绑定到事件。网页生命周期中的常用事件及其典型应用如下:

(1) Page_PreInit 事件

可检查 IsPostBack 属性来确定是否是第一次处理该页;创建或重新创建动态控件;动态设置母版页;动态设置 Theme 属性;读取或设置配置文件属性值。如果请求是回发请求,则控件的值尚未从视图状态还原,如果在此阶段设置控件属性,则其值可能会在下一事件中被覆盖。

(2) Page_Init 事件

在所有控件都已初始化且已应用所有外观设置后引发。使用该事件来读取或初始化控件属性。

(3) Page_Load 事件

在加载页面时,会触发 Page_Load 事件,以读取和设置控件属性,建立数据库连接。

(4) 控件事件

使用这些事件来处理特定控件事件,如 Button 控件的 Click 事件和 TextBox 控件的 TextChanged 事件。在回发请求中,如果页面包含验证程序控件,在执行控件事件前,一般要检查 Page 和各个验证控件的 IsValid 属性,看页面验证是否通过。

(5) Page_PreRender 事件

使用该事件对页面或其控件的内容进行最后更改。

(6) Page_UnLoad 事件

该事件首先针对每个控件发生,继而针对该页发生。在控件中,使用该事件对特定控件执行最后清理,如关闭控件特定数据库连接;对于页面自身,使用该事件来执行最后清理工作,如关闭打开的文件和数据库连接、完成日志启示或其他请求特定任务。在卸载阶段,页面及其控件已被呈现,因此无法对响应流做进一步更改。如果尝试调用方法(如 Response.Write 方法),则该页将引发异常。

3.6.2 Page 对象的属性

(1) 内置对象

Page 类的属性提供了可以直接访问 ASP.NET 内部对象的编程接口,即通过这些属性可以方便地获得会话状态信息、全局缓存数据、应用程序状态信息和浏览器提交信息等内容。常用的内置对象有 Request 对象、Response 对象、Context 对象、Server 对象、Application 对象、Session 对象、Trace 对象和 User 对象。

(2) IsPostBack 属性

该属性表示该页是否为响应客户端回发而加载,或者该页是否被首次加载和访问。IsPostBack 为 true 时,表示该请求是页面回发;当 IsPostBack 为 false 时,表示该页被首次加载和访问。

(3) EnableViewState 属性

该属性表示当前页请求结束时,该页是否保持其视图状态及其包含的任何服务器控件的视图状态。

(4) IsValid 属性

该属性表示页面验证是否成功。在实际应用中,往往会验证页面提交的数据是否符合预期设定的格式要求等,如果所有方面都符合,则 IsValid 值为 true,反之为 false。

3.7 资源文件夹

3.7.1 默认的文件夹

ASP. NET 应用程序包含 8 个默认文件夹,分别是 Bin、App_Code、App_GlobalResources、App_LocalResources、App_WebReferences、App_Data、App_Browsers 和"主题"文件夹。每个文件夹中都存放着 ASP. NET 应用程序不同类型的资源,具体说明见表 3-3 所列。

表 3-3　ASP. NET 应用程序文件夹说明

文件夹	说　明
Bin	包含 Web 应用程序要使用的已经编译好的 .NET 组件程序集
App_Code	包含源代码文件,如 .cs 文件。该文件夹中的源代码文件将被动态编译。该文件夹与 Bin 文件夹有些相似,不同之处在于 Bin 文件夹放置的是编译好的程序集,而这个文件夹放置的是源代码文件
App_GlobalResources	保存 Web 应用程序中对所有页面都可见的全局资源。在开发一个多语言版本的 Web 应用程序时,可用该目录进行本地化
App_LocalResources	与 App_GlobalResources 文件夹具有相同的功能,只是该目录下资源的可访问性仅限于单个页面
App_WebReferences	存储 Web 应用程序使用的 Web 服务文件
App_Data	当添加数据文件时,Visual Studio 2010 会自动添加该文件夹,用于存储数据,包含 SQL Server 2008 Express Edition 数据库文件和 XML 文件,当然,也可以将这些文件存储在其他任何地方
App_Browsers	包含 ASP. NET 用于标识个别浏览器并确定其功能的浏览器定义(.browser)文件
主题	存储 Web 应用程序中使用的主题,该主题用于控制 Web 应用程序的外观

添加 ASP. NET 默认文件夹的步骤是:在解决方案资源管理器中,选中方案名称后右击,在弹出的快捷菜单中选择"添加 ASP. NET 文件夹"命令,在其子菜单中可以看到 8 个默认的文件夹,选中所需文件夹即可,如图 3-16 所示。

图 3-16　添加 ASP. NET 文件夹

如果新建网站时选择的不是"ASP. NET 空网站",而是"ASP. NET 网站",默认存在的文件夹是 App_Data,默认存在的网页有 About. aspx 和 Default. aspx。以上文件夹可以手动添加。在操作的过程中,有些文件夹会自动添加,如添加一个 Web 服务时,会自动创建 App_WebReferences。

3.7.2 App_Code 文件夹

在网站项目中，可以在 App_Code 文件夹中存储源代码，在运行时将会自动对这些代码进行编译。Web 应用程序中的其他任何代码都可以访问产生的程序集。因此，App_Code 文件夹的工作方式与 Bin 文件夹很类似，不同之处在于可以在其中存储源代码而非已编译的代码。App_Code 文件夹及其在 ASP.NET Web 应用程序中的特殊地位使得可以创建自定义类和其他源代码文件，并在 Web 应用程序中使用它们而不必单独对它们进行编译。

App_Code 文件夹可以包含以传统类文件（即带有 .vb、.cs 等扩展名的文件）的形式编写的源代码文件。同时，它也可以包含并非明确显示出由某一特定编程语言编写的文件。例如 .wsdl（Web 服务描述语言）文件和 XML 架构（.xsd）文件。ASP.NET 可以将这些文件编译成程序集。

根据需要，App_Code 文件夹可以包含任意数量的文件和子文件夹。可以采用任何认为方便的方式组织源代码，ASP.NET 仍会将所有代码编译成单个程序集，并且 Web 应用程序的任意页面的任何地方的其他代码都可以访问该程序集。

3.8 母版页

使用 ASP.NET 母版页可以为应用程序中的页创建一致的布局。单个母版页可以为应用程序中的所有页（或一组页）定义所需的外观和标准行为。然后可以创建包含要显示的内容的各个内容页。当用户请求内容页时，这些内容页将与母版页合并，从而产生将母版页的布局与内容页中的内容组合在一起的输出。

3.8.1 创建母版页

母版页的使用与普通页面类似，可以在其中放置文件或者图形、任何 HTML 控件和 Web 控件、后置代码等。母版页的扩展名为 .master，不能被浏览器直接查看。母版页必须在被其他页面使用后才能显示。创建母版页的具体步骤如下：

（1）打开 Visual Studio 2010 集成开始环境，创建名称为 Sample_1 的 ASP.NET 空网站。该网站版本为 ASP.NET4.0。

（2）右击"解决资源方案管理器"面板中的 Sample_1，弹出"添加新项"对话框，选中"母版页"图标，并在"名称"文本框中输入"MasterPage.master"，如图 3-17 所示。

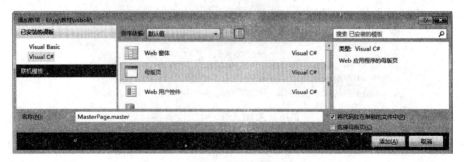

图 3-17 添加母版页

（3）单击"添加"按钮，母版页就添加到"解决方案资源管理器"中。在 Visual Studio 2010 视图模式下，可看到创建的默认母版页设计视图，如图 3-18 所示。

图 3-18　母版页设计视图

3.8.2　母版页的组成

使用母版页可以简化维护、扩展和修改网站的过程，并能提供一致、统一的外观。母版页是不能单独运行的，必须和内容页相结合。

在实现一致性的过程中，必须包含两种文件：母版页（.master）和内容页（.aspx）。母版页封装页面中的公共元素，内容页实际是普通的 .aspx 文件，包含除母版页之外的其他非公共内容。在运行过程中，ASP.NET 引擎将两种页面内容文件合并执行，最后将结果发给客户端浏览器，如图 3-19 所示。

ASP.NET 提供的母版页功能，可以创建真正意义上的页面模板，整个应用过程可归纳为"两个包含，一个结合"。

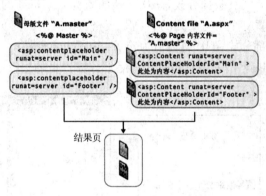

图 3-19　母版页与内容页结合

两个包含：公共部分包含在母版页，非公共部分包含在内容页。对于页面内容中的非公共部分，只需在母版页中使用一个或多个 ContentPlaceHolder 控件来占位即可。

一个结合：通过控件应用以及属性设置等行为，将母版页和内容页结合，例如，母版页中 ContentPlaceHolder 控件的 ID 属性必须与内容页中 Content 控件的 ContentPlace-HolderID 属性绑定。

以下是一个内容页设计视图的部分源代码，该代码将内容页与 MasterPage.master 母版页结合：

```
<%@ Page Title="" Language="C#" MasterPageFile="~/MasterPage.master" Auto-
EventWireup="true" CodeFile="Default.aspx.cs" Inherits="_Default" %>
<asp:Content ID="Content1" ContentPlaceHolderID="ContentPlaceHolder1" Runat
="Server">
```

单独的母版页是不能被用户访问的。母版页和内容页的对应关系如图 3-20 所示。

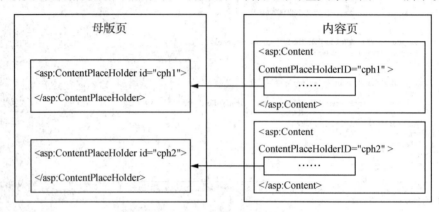

图 3-20　母版页和内容页的控件对应关系

3.8.3　创建母版页实例

在网站项目中创建一个母版页，命名为 MasterPage.master，将母版页划分为四部分：页头部分、页导航部分、页主体部分和页尾部分，如图 3-21 所示。

页头部分放置 ID 属性的值为 cphHead 的占位符控件（ContentPlaceHolder）；之后放置一个 1 行 2 列的 HTML 表格页，第 1 列为页导航部分，设置宽度为 100 像素，将导航部分放置 ID 属性值为 gv 的 GridView 控件；第 2 列为页主体部分，放置 ID 属性为 cph-Body 的占位符控件；页尾部分放置页的版权信息。界面设计如图 3-22 所示。

图 3-21　MasterPage.master
　　　　母版页的结构图

图 3-22　MasterPage.master 母版页的设计界面

MasterPage.master 母版页的源代码设计如下：

```
<%@ Master Language="C#" AutoEventWireup="true" CodeFile="MasterPage.master.cs"
Inherits="MasterPage" %>
<html xmlns="http://www.w3.org/1999/xhtml">
<head id="Head1" runat="server">
    <title>MasterPage.master 母版页</title>
```

```
</head>
    <body>
    <form id="form1" runat="server">
        <asp:ContentPlaceHolder ID="cphHead" runat="server">
        </asp:ContentPlaceHolder>
        <table style="width:100%;">
            <tr>
                <td width=100>
        <asp:GridView ID="gv" runat="server" Width="104%" AutoGenerateColumns="False"
            ShowHeader="False" style="margin-top: 0px">
            <Columns>
                <asp:TemplateField><ItemTemplate>
                    <a href='<%#((ImageInfo)Container.DataItem).Url %>'>
                        <%# ((ImageInfo)Container.DataItem).Name %></a>
                </ItemTemplate></asp:TemplateField>
            </Columns>
        </asp:GridView>
                </td>
                <td>
                    <asp:ContentPlaceHolder ID="ContentPlaceHolder1" runat="server">
                    </asp:ContentPlaceHolder>
                </td>
            </tr>
        </table>
        <hr />
        <table width="100%"><tr><td align="center">Copyrigth @ * * * * 2014</td></tr></table>
    </form></body>
</html>
```

打开 MasterPage 母版页的代码隐藏文件 MasterPage.master.cs，该文件实现以下两个功能：

(1) 创建名称为 ImageInfo 的类，该类描述图像的信息。ImageInfo 类包含两个属性，即 Name 和 URL，用来描述图像的名称和链接地址。

(2) 创建 BindPageData( ) 函数，并在该函数中创建 gv 控件的数据源——list 对象（类型为 ArrayList，它包含 6 个 ImageInfo 实例）。

ImageInfo 类、Page_Load(object sender, EventArgs e) 事件和 BindPageData( ) 函数的程序代码如下：

```
public partial class MasterPage : System.Web.UI.MasterPage
{
    public class ImageInfo
    {
```

```
    private string name;
    private string url;
    public string Name { get { return name; } set { name = value; } }
    public string Url { get { return url; } set { url = value; } }
}
protected void Page_Load(object sender, EventArgs e)
{
    if (! Page.IsPostBack) { BindPageData(); }
}
private void BindPageData()
{
    ArrayList list = new ArrayList();
    ///添加6个数据项,并设置项的名称和URL
    for (int i = 0; i < 6; i++)
    {
        ImageInfo ii = new ImageInfo();
        ii.Name = (i+1).ToString() + ".jpg";
        ii.Url = "Index" + (i + 1).ToString() + ".aspx";
        list.Add(ii);
    }
    gv.DataSource = list;
    gv.DataBind();
}
```

3.8.4 内容页的创建和组成

创建完母版页后,下一步是创建内容页。内容页的创建与 Web 窗体的创建基本相似,在当前网站项目中创建 6 个 Web 窗体,具体创建步骤如下:

(1)右击项目名称,在弹出的快捷菜单中选择"添加新项"命令。

(2)打开"添加新项"对话框,在"模板"列表框中选择"Web 窗体"图标,在"名称"文本框中将其命名为 Index1.aspx,选择"选择母版页"选项,如图 3-23 所示。

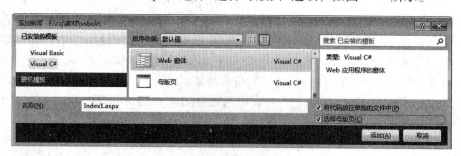

图 3-23 添加新带母版页的 Web 窗体

(3)单击"添加"按钮,弹出"选择母版页"对话框。在其中选择 MasterPage.master 母版页,如图 3-24 所示。

(4)单击"确定"按钮,可以将 Index1.aspx 页面添加到当前项目网站中。

(5)打开 Index1.aspx 页面的"源"视图,并设置该页面的标题为"Index1.aspx 页面"。

图3-24 "选择母版页"对话框

(6) Index1.aspx 页面自动声明两个 Content 控件(ID 属性的值分别为 cHead 和 cBody),分别对应于 MasterPage.master 母版页中的 cphHead 和 cphBody 控件(由 ContentPlaceHolderID 属性指定)。cHead 控件放置 ID 属性值为 iHead 的 Image 控件;cBody 控件里放置 ID 属性值为 iBody 的 Image 控件。

(7) 按照同样的方法,分别创建 Index2.aspx、Index3.aspx、Index4.aspx、Index5.aspx、Index6.aspx 页面。将6个页面存于 Index 文件夹中,6幅图片存于 Image 文件夹中。

(8) 把 Index1.aspx 页面设为 Sample_1 网站的起始页面,并运行该网站。在 IE 浏览器中查看 Index1.aspx 页面,如图3-25所示。此时,该页面显示1.jpg图片。

图3-25 Index1.aspx 页面显示结果

3.8.5 母版页的配置

ASP.NET 提供了将内容附加到母版页的3种级别,即提供了3种母版页的应用范围。

(1)页级

可以在每个内容页中使用 Page 指令将内容页绑定到一个母版页,代码如下:

```
<%@ Page Language="C#" MasterPageFile="~/MasterPage.master" AutoEventWireup
="true" CodeFile="Defaut.aspx.cs" Inherits="_default" Title="Untitled Page"%
>
```

也可以通过编程方式动态应用母版页,代码如下:

```
protected void Page_PreInit(object sender, EventArgs e)
{
    Page.MasterPageFile = "~/MasterPage.master";
}
```

(2) 应用程序级

通过在应用程序的配置文件 Web.config 的 pages 元素中进行设置，可以指定应用程序中的所有 ASP.NET 页（aspx 文件）都自动绑定一个母版页。Web.config 中设置母版页的代码如下：

```
<system.web>
    <Page MasterPageFile = "~/MasterPage.master"; >
</system.web>
```

(3) 文件夹级

文件夹级和应用程序级的绑定类似，不同的是只需在文件夹中的 Web.config 文件中进行设置，然后母版页绑定会应用于该文件夹中的所有 ASP.NET 页，而不会影响文件夹以外的页面。

3.9 主题与外观的应用

站点的外观主要与页面控件的样式属性有关，同时控件还支持将样式设置与控件属性分离的层叠样式表(CSS)。在实现站点的过程中，开发人员可能不得不为多数控件添加样式属性，这种做法很烦琐，并且不易保持站点外观的一致性和独立性。理想的方法是：只为控件定义一次样式属性，就能方便地应用到站点的所有页面中。

3.9.1 主题与外观

主题由一组元素组成：外观、层叠样式表(CSS)、图像和其他资源。主题至少包含外观。主题文件必须存储在根目录的 App_Themes 文件下(除全局主题之外)，使用 IDE 可自动创建，在这个目录下，建议只存储主题文件夹及与主题有关的文件。

外观文件是主题的核心内容，用于定义页面中服务器控件的外观。外观文件的扩展名为 .skin，它包含各个控件的属性设置。控件外观设置类似于控件标记本身，但只包含要作为主题的一部分来设置的属性。将层叠样式表(CSS)文件放在主题目录时，样式表自动作为主题的一部分应用。主题中可以包含一个或多个层叠样式表。主题还可以包含图像和其他资源，如脚本或视频文件等。通常，主题的资源文件与该主题的外观文件位于同一个文件夹中，但也可在 Web 应用程序中的其他地方，如主题目录的某个子文件夹中。

3.9.2 主题的创建

在项目中创建名称为 Default 的主题步骤如下：

(1) 右击"解决方案管理器"面板中网站名称，选择"添加 ASP.NET 文件夹"→主题，如图 3-26 所示。

图 3-26 添加主题文件夹

(2) 将 App_Themes 文件夹下默认主题(名称为"主题1")修改为 Default。

(3) 右击 Default，选择"添加新项"→"外观文件"，在"名称"文本框中输入 Label.skin，如图 3-27 所示。

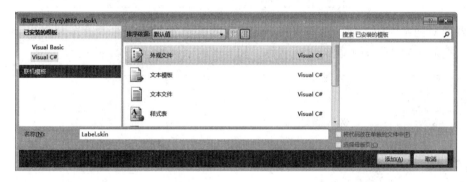

图 3-27 添加外观文件

(4) 单击"添加"按钮，可以将 Label.skin 外观文件夹添加到 App_Themes 文件夹中。

(5) 在 Label.skin 外观文件中添加相关代码，用来设置页面中 Label 控件的外观。

通常的做法是为每个控件创建一个 .skin 文件，如 Button.skin 或 Calendar.skin，也可以根据需要创建任意数量的 .skin 文件。

以下代码中创建了两个外观，外观的区别通过设置 SkinID 属性实现。Label.skin 外观文件的源代码如下：

```
< asp:label runnat = "server"Font-Bold = "true" ForeColor = "orange"/ >
< asp: label runnat = " server " SkinID = " Blue" Font-Bold = " true " ForeColor = "blue"/ >
```

以上代码中包含 SkinID 属性的 Label 控件将拥有命名外观，而没有添加 SkinID 属性的 Lable 控件将被设置为默认外观。

3.9.3 主题的应用范围

可定义单个 Web 应用程序的页面主题，也可定义供 Web 服务器上的所有应用程序

图 3-28 页面主题

使用的全局主题。定义主题之后，可以使用 @ Page 指令的 Theme 或 StyleSheetTheme 特性将该主题应用在各页上；或者通过在应用程序配置文件中设置 <pages> 元素，将该主题应用于应用程序中的所有页。

页面主题是一个主题文件夹，其中包含控件外观、样式表、图形文件和其他资源，该文件夹是作为网站中的\App_Themes 文件夹的子文件夹创建的。每个主题都是\App_Themes 文件夹的一个不同的子文件夹。图 3-28 演示了一个典型的页面主题，它定义了两个分别名为 BlueTheme 和 PinkTheme 的主题。

将 @ Page 指令的 Theme 或 StyleSheetTheme 特性设置为要使用的主题的名称，则该主题及其对应的样式和外观仅应用于声明它的页，如下面的示例所示：

```
<%@ Page Theme=" BlueThem " %>
<%@ Page StyleSheetTheme=" BlueThem" %>
```

若要对网站应用主题，则需要在应用程序的 Web.config 文件中，将 <pages> 元素设置为全局主题或页面主题的主题名称，如下面的示例所示：

```
<configuration>
    <system.web>
        <pages theme="BlueThem" />
    </system.web>
</configuration>
```

要将主题设置为样式表主题并作为本地控件设置的从属设置，应改为设置 styleSheetTheme 特性：

```
<configuration>
    <system.web>
        <pages styleSheetTheme=" BlueThem " />
    </system.web>
</configuration>
```

Web.config 文件中的主题设置会应用于该应用程序中的所有 ASP.NET 网页。Web.config 文件中的主题设置遵循常规的配置层次结构约定。例如，仅对一部分页应用某主题，可以将这些页与它们自己的 Web.config 文件放在一个文件夹中，或者在根 Web.config 文件中创建一个 <location> 元素以指定文件夹。

3.9.4 主题设置优先级

可以通过指定主题的应用方式来指定主题设置相对于本地控件设置的优先级。

如果设置了页的 Theme 属性，则主题和页中的控件设置将进行合并，以构成控件的最终设置。如果同时在控件和主题中定义了控件设置，则主题中的控件设置将重写控件上的任何页设置。即使页面上的控件已经具有各自的属性设置，此策略也可以使主题在不同的页面上产生一致的外观。例如，它可以将主题应用于在 ASP.NET 的早期版本中创建的页面。

此外，也可以通过设置页面的 StyleSheetTheme 属性将主题作为样式表主题来应用。在这种情况下，本地页设置优先于主题中定义的设置（如果两个位置都定义了设置）。这是层叠样式表使用的模型。如果希望能够设置页面上的各个控件的属性，同时仍然对整体外观应用主题，则可以将主题作为样式表主题来应用。

全局主题元素不能由应用程序级主题元素进行部分替换。如果创建的应用程序级主题的名称与全局主题相同，应用程序级主题中的主题元素不会重写全局主题元素。

3.9.5 主题与层叠样式表

主题与层叠样式表类似，因为主题和样式表均定义一组可以应用于任何页的公共特性。但是，主题与样式表在下列方面不同：

（1）主题是基于控件的，而不是 HTML，而 CSS 是完全基于 HTML 的。主题是 ASP.NTE 中独有的特性，它可以定义和重用几乎所有的 ASP.NET 控件属性，而 CSS 只是直接作用于 HTML 的样式特性。

（2）主题应用在服务器上。主题作用到页面时，样式化后的最终页面被传送给用户，而使用 CSS 时，浏览器同时接收到页面和样式信息，并在客户端合并它们。

（3）可以通过配置文件来应用主题。同母版页一样，可以通过配置文件来应用主题，这样不必修改任何一个页面就可以用整个文件或整个网站应用主题，CSS 只能在页面里进行引用。

（4）主题不能够像 CSS 那样层叠。如果在一个主题和一个控件里同时指定了一个属性，那么主题里定义的值会覆盖控件的属性。不过通过提高页面属性的优先级，可改变这种结果，这样主题行为更像 CSS 了。

（5）在主题中可以包含 CSS。相对 CSS 来讲，主题代表了一个更高层次模型，因此，可以把 CSS 作为主题的一部分在主题中应用它。

（6）主题可以包括图形。

（7）主题级联的方式与 CSS 不同。默认情况下，页面的 Theme 属性所引用的主题中定义的任何属性值都会重写控件上以声明方式设置的属性值，除非使用 StyleSheetTheme 属性显式应用主题。

（8）每页只能应用一个主题。不能向一页应用多个主题，样式表可以向一页应用多个样式表。

除了在主题文件夹中使用外观文件外，ASP.NET 也提供了在主题中使用样式表的功能，使用样式表来控制服务器控件和 HTML 元素的呈现。当添加一个样式表到主题文件之后，样式表将自动应用到所有页面。

为了向页面中应用样式表，ASP.NET 需要向页面的 <head> 区中添加一个 link 标签，而且 <head> 标签具有 runat="server" 时才可用。Visual Studio 2010 在生成页面时会自动在 <head> 区中添加 runat="server"，代码如下：

```
<html xmlns = "http://www.w3.org/1999/xhtml" >
<head runat = "server" >
    <title> </title>
</head>
```

3.9.6 母版页与主题

不能直接将 ASP.NET 主题应用于母版页。如果向@ Master 指令添加一个主题特性，网页在运行时会引发错误。

但是，主题在下面这些情况中会应用于母版页：

(1) 如果主题是在内容页中定义的。母版页在内容页的上下文中解析，因此内容页的主题也会应用于母版页。

(2) 如果通过在 pages 元素中包含主题定义来将整个站点配置为使用主题。

3.10 HTML 表单和 Web 窗体

3.10.1 HTML 表单

HTML 表单用于搜集不同类型的用户输入，在客户端执行代码。简单的界面表单使用表单标签(<form>)定义。

表单标签见表 3-4 所列。

表 3-4 表单标签

标 签	说 明
<form>	定义供用户输入的表单
<input>	定义输入域
<textarea>	定义文本域（一个多行的输入控件）
<label>	定义一个控制的标签
<fieldset>	定义域
<legend>	定义域的标题
<select>	定义一个选择列表
<optgroup>	定义选项组
<option>	定义下拉列表中的选项
<button>	定义一个按钮
<isindex>	已废弃，由 <input> 代替

<form> 标签是一个容器控件，它不显示任何信息，只表示在 <form> 和 </form> 之间定义的控件中输入的数据是可以返回到服务器中相应的程序进行处理的。如果不定义表单，就无法实现用户输入数据的提交。

HTML 表单可包含多个表单元素以提供用户输入。

输入标签 <input> 表单标签是最为常用的标签，输入的类型由类型属性(type)定义。大多数经常被用到的输入控件有：单行文本输入框(Text)、单选框(Radio)、复选框(Checkboxes)、提交按钮(Submit)、多行文本输入框(TextArea)、Input 按钮

(Button)等。

当用户要在表单中键入字母、数字等内容时,就会用到文本域。代码如下:

```
<form>
First name:
<input type = "text" name = "firstname" />
<br />
Last name:
<input type = "text" name = "lastname" />
</form>
```

页面显示如图 3-29 所示。

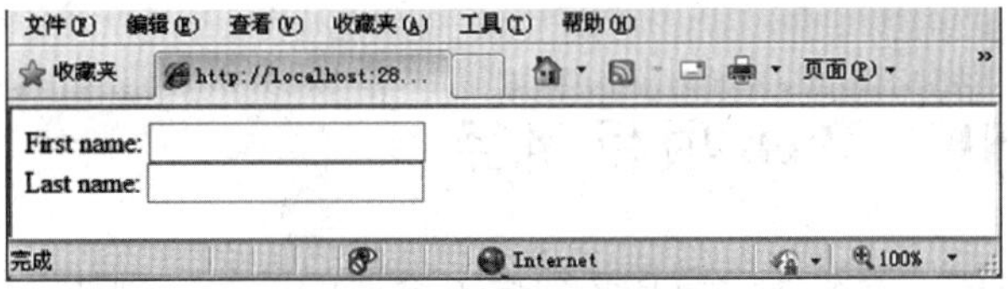

图 3-29　HTML 表单

3.10.2　Web 窗体

Web 窗体页用于创建可编程的 Web 页,这些 Web 页用作 Web 应用程序的用户界面。Web 窗体页在任何浏览器或客户端设备中向用户提供信息,并使用服务器端代码来实现应用程序逻辑。Web 窗体页输出几乎可以包含任何支持 HTTP 的语言[包括 HTML、XML、WML 和 ECMAScript(JScript,JavaScript)]。在 Web 窗体页中,可以使用属性、方法和事件来处理 HTML 元素。

在 Web 窗体页中,用户界面编程分为两个不同的部分:可视组件和逻辑。视觉元素称作 Web 窗体"页"(page)。这种页由一个包含静态 HTML 和 ASP.NET 服务器控件的文件组成,也可以只包含静态 HTML。

Web 窗体页用作要显示的静态文本和控件的容器。利用 Visual Studio Web 窗体设计器和 ASP.NET 服务器控件,可以按照在任何 Visual Studio 应用程序中的方式来设计窗体。

Web 窗体页的逻辑由代码组成,这些代码与窗体进行交互。编程逻辑位于与用户界面文件不同的文件中。该文件称作"代码隐藏"文件,并具有".aspx.cs"扩展名。在代码隐藏文件中编写的逻辑可以使用 Visual C# 来编写,如图 3-30 所示。

Web 窗体页在任何浏览器或客户端设备中向用户提供信息,并使用服务器端代码来实现应用程序逻辑。ASP.NET 页框架为响应在服务器上运行的代码中的客户端事件提供统一的模型,从而不必考虑基于 Web 的应用程序中固有的客户端和服务器隔离的实现细节。该框架还会在页处理生命周期中自动维护页及该页上控件的状态。

项目中所有 Web 窗体页的代码隐藏类文件都被编译成项目动态链接库(.dll)文件。.aspx 页文件也会被编译,但编译方式稍有不同。当用户第一次浏览到 .aspx 页时,ASP.NET 自动生成表示该页的 .NET 类文件,并将其编译成另一个 .dll 文件。为 .aspx 页生成的类从被编译成项目 .dll 文件的代码隐藏类继承。当用户请求 Web 页 URL 时,.dll 文件将在服务器上运行并动态地为页生成 HTML 输出。

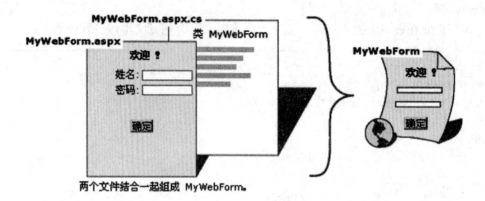

图 3-30 Web 窗体文件结构

3.11 ASP.NET Web 项目路径

使用 Web 项目中的资源时，通常必须指定资源的路径。例如，用户可以使用 URL 路径引用页面中的图像文件或网站中其他位置处页面的 URL。同样，Web 项目中的代码可以使用基于服务器文件的物理文件路径对文件进行读写操作。ASP.NET 提供用于引用资源并确定应用程序中的页面或其他资源的路径的方法。

许多情况下，页面中的元素或控件必须引用外部资源，如文件。ASP.NET 支持引用外部资源的各种方法。根据您使用的是客户端元素还是 Web 服务器控件，选择的引用方法将有所不同。

3.11.1 客户端元素

客户端元素是页面上的非 Web 服务器控件元素，它们将按原样被传递给浏览器。因此，从客户端元素中引用资源时，应根据 HTML 中 URL 的标准规则构造路径。可以使用完全限定的 URL 路径(又称为绝对 URL 路径)，也可以使用各种类型的相对路径。例如，如果页面包含 img 元素，则可以使用以下路径之一设置其 src 特性：

(1)绝对 URL 路径。如果引用其他位置(例如外部网站)中的资源，则绝对 URL 路径非常有用。如：

```
<img src="http://www.contoso.com/MyApplication/Images/SampleImage.jpg" />
```

(2)网站根目录相对路径。此路径将根据网站根目录进行解析。如果将在整个站点所用的资源(例如图像或客户端脚本文件)保留在网站根目录下的文件夹中，则网站根目录相对路径非常有用。下面的示例路径假定 Images 文件夹位于网站根目录下：

```
<img src="/Images/SampleImage.jpg" />
```

如果网站的 URL 为 http://www.contoso.com，则此路径将解析为以下形式：

```
http://www.contoso.com/Images/SampleImage.jpg
```

(3)下面是一个根据当前页面路径解析的相对路径：

```
< img src = "Images/SampleImage.jpg" / >
```

(4)以下解析为当前页面路径对等的相对路径：

```
< img src = "../Images/SampleImage.jpg" / >
```

默认情况下，浏览器使用当前页面的 URL 作为解析相对路径的基准。但是，用户可以在页面中包含 HTML base 元素，以指定替代基路径。

3.11.2 服务器控件

在引用资源的 ASP.NET 服务器控件中，可以使用绝对路径或相对路径，这一点与客户端元素一样。如果使用相对路径，则相对于页面、用户控件或包含该控件的主题的路径进行解析。例如，假设 Controls 文件夹中包含一个用户控件，该用户控件包含一个 Image Web 服务器控件，此服务器控件的 ImageUrl 属性被设置为以下路径：Images/SampleImage.jpg。

当该用户控件运行时，上述路径将解析为以下形式：/Controls/Images/SampleImage.jpg。无论承载该用户控件的页面位于何处，结果都是如此。

注意：在主控页中，资源的路径基于内容页的路径进行解析。有关更多信息，请参见母版页。

服务器控件中的绝对和相对路径引用具有以下缺点：

(1)绝对路径在应用程序之间是不可移植的。如果移动绝对路径指向的应用程序，则链接将会中断。

(2)如果将资源或页面移动到不同的文件夹，可能很难维护采用客户端元素样式的相对路径。

为克服这些缺点，ASP.NET 包括了 Web 应用程序根目录运算符（~），当您在服务器控件中指定路径时可以使用该运算符。ASP.NET 会将"~"运算符解析为当前应用程序的根目录。可以结合使用"~"运算符和文件夹来指定基于当前根目录的路径。

下面的示例演示了使用 Image 服务器控件时用于为图像指定根目录相对路径的"~"运算符。在此示例中，无论页面位于网站中的什么位置，都将从位于 Web 应用程序根目录下的 Images 文件夹中直接读取图像文件：

```
< asp:image runat = "server" id = "Image1"  ImageUrl = " ~/Images/SampleImage.jpg"
/ >
```

可以在服务器控件中的任何与路径有关的属性中使用"~"运算符。"~"运算符只能为服务器控件识别，并且位于服务器代码中。不能将"~"运算符用于客户端元素。

3.11.3 确定当前网站的物理文件路径

在应用程序中，用户可能需要确定服务器上的文件或其他资源的路径。例如，如果 Web 项目以编程方式对文本文件进行读写操作，则必须为用于读取和写入的方法提供该文件的完整物理路径。

将物理文件路径(例如 C:\Website\MyApplication)硬编码到应用程序中并不是很好

的做法，因为如果移动或部署应用程序，将会更改这些路径。此外，如果将站点部署到承载提供程序，可能不会知道具体的物理路径。但是，ASP.NET 提供了以编程方式获取 Web 项目中的任何物理文件路径的方法，然后可以使用基文件路径创建所需资源的完整路径。用于确定文件路径的两种最常用的 ASP.NET 功能，是返回路径信息的 HttpRequest 对象的属性以及 MapPath 方法。

注意：不应将物理文件路径发送到客户端，因为它们可能会被恶意用户用来获取有关用户的应用程序的信息。

（1）根据请求属性确定路径

下表列出了 HttpRequest 对象的属性，这些属性用于确定应用程序中的资源路径。表 3-5 中说明基于 http://www.contoso.com/MyApplication/MyPages/Default.aspx 的访问；术语"虚拟路径"是指请求 URL 中在服务器标识符后面的部分；在此示例中，虚拟路径是指以下路径：/MyApplication/MyPages/Default.aspx。网站根目录的物理路径为：C:\inetpub\wwwroot\MyApplication\，该物理路径中包含一个名为 MyPages 的文件夹。

表 3-5 HttpRequet 路径相关属性

标 签	说 明
ApplicationPath	获取当前应用程序的根目录路径，无论在该应用程序中的什么位置请求该路径。在此示例中，该属性将返回以下内容：/MyApplication
CurrentExecutionFilePath	获取当前请求的虚拟路径。它与 FilePath 属性的不同之处在于，如果请求已在服务器代码中被重定向，则 CurrentExecutionFilePath 就是正确的。在此示例中，该属性将返回以下内容：/MyApplication/MyPages/Default.aspx，如果作为对 Transfer 或 Execute 进行调用的结果，获取正在运行的代码中的属性，则路径将反映该代码的位置
FilePath	获取当前请求的虚拟路径。在此示例中，该属性将返回以下内容：/MyApplication/MyPages/Default.aspx。与 CurrentExecutionFilePath 属性不同的是，FilePath 不反映服务器端的传输
Path	获取当前请求的虚拟路径。在此示例中，该属性将返回以下内容：/MyApplication/MyPages/default.aspx
PhysicalApplicationPath	获取当前正在执行的应用程序的根目录的物理文件系统路径。在此示例中，该属性将返回以下内容：C:\inetpub\wwwroot\
PhysicalPath	获取与请求的 URL 相对应的物理文件系统路径。在此示例中，该属性将返回以下内容：C:\inetpub\wwwroot\MyApplication\MyPages\default.aspx

（2）将虚拟路径转换为物理路径

MapPath 方法用于将 Web 服务器上的虚拟路径转换为完整物理路径。例如，以下代码返回网站根目录的文件路径：

```
String rootPath = Server.MapPath("~");
```

注意：传递给 MapPath 方法的路径必须为应用程序相对路径，而不是绝对路径。

3.12 Web.config 配置文件

在 ASP.NET 应用程序中，web.config 配置文件具有举足轻重的地位，应用程序的配置信息都保存在其中，该文件是基于 XML 的文本文件。在一个 ASP.NET 应用程序中，可以出现一个或多个 web.config 文件，这些文件根据需要存放在应用程序的不同文件夹中。

web.config 继承自 .NET Framework 安装目录的 machine.config 文件，machine.config 配置文件存储了整个机器的配置信息，所有该计算机上的 ASP.NET 应用程序都将具有 machine.config 中的配置。web.config 继承了 machine.config 中的大部分设置，同时也允许开发人员添加自定义的配置，或者覆盖 machine.config 中已有的配置。

web.config 是一个以 configuration 元素作为根结点的 XML 文件。此元素中的信息分为两个主区域：配置节处理程序声明区域和配置节设置区域。

处理程序是用来实现 ConfigurationSection 接口的 .NET Framework 类。声明区域可标识每个节处理程序类的命名空间和类名。节处理程序用于读取和设置与节有关的设置。下面的代码是 Web.config 文件的 XML 结构的简化视图：

```xml
<configuration>
  <!-- Configuration section-handler declaration area.-->
  <configSections>
    <section name="section1" type="section1Handler" />
    <section name="section2" type="section2Handler" />
  </configSections>
  <!--Configuration section settings area.-->
  <section1>
      <s1Setting1 attribute1="attr1" />
  </section1>
  <section2>
      <s2Setting1 attribute1="attr1" />
  </section2>
  <system.web>
      <authentication mode="Windows" />
  </system.web>
</configuration>
```

3.12.1 Web.config 常用标记

（1）< configuration >

所有 Web.config 的根元素都是 < configuration > 标记，在它内部封装了其他所有配置元素。

（2）< configSections >

该配置元素主要用于自定义的配置元素处理程序声明。所有的配置元素处理程序声明都在这部分。它由多个 < section > 构成。< section > 主要有 name 和 type 两种属性。

① name 指定配置数据元素的名称。

② type 指定与 name 属性相关的配置处理程序类。

< configSections > 节配置范例如下：

```
<configuration>
    <configSections>
        <section name="sessionState"
            type="System.Web.SessionState.SessionStateSectionHandlers,
            System.Web,Version=1.0.3300.0,Culture=neutral,
            PublicKeyToken=ba023a3fkflg"/>
    </configSections>
</configuration>
```

(3) <appSettings>

在<appSettings>元素中可以定义自己需要的应用程序设置项,这充分反映了 ASP.NET 应用程序配置具有可扩展性的特点。在 Web.config 文件中配置<appSettings>节如下:

```
<configuration>
    <appSettings>
        <add key="appUser" Value="localhost" />
    </appSettings>
</configuration>
```

它的<add>子标记主要有两种属性定义:Key 和 Value。

① Key　指定该设置项的关键字,便于在应用程序中引用。

② Value　指定该设置项的值。

下面是 Web 页面获取<appSettings>节中的设置内容并输出的示例,ASP.NET 应用程序可以通过 ConfigurationSettings.appSettings 方法调用 Web.config 文件中的设置,本例中的输出结果为"localhost",该方法对访问<appSettings>元素中的应用程序设置非常方便,只需要提供检索的设置值对应的关键字即可:

```
<html>
    <head></head>
    <body>
        <b>User Name:</b>
        <%=ConfigurationSettings.appSettings("appUser")%><br>
    </body>
</html>
```

(4) <compilation>

该配置节位于<system.Web>标记中,用于定义使用哪种语言编译器来编译 Web 页面,以及编译页面时是否包含调试信息。它主要对以下 4 种属性进行设置。

① defaultLanguage　设置在默认情况下 Web 页面的脚本块中使用的语言。支持的语言有 Visual Basic.Net、C#和 Jscript。可以选择其中一种,也可以选择多种,方法是使用一个由分号分隔的语言名称列表,如 Visual Basic.Net;C#。

② debug　设置编译后的 Web 页面是否包含调试信息。其值为 true 时将启用 ASPX 调试;为 false 时则不启用,但可以提高应用程序运行时的性能。

③ explicit　是否启用 Visual Basic 显示编译选项功能。其值为 true 时启用,为 false 时不启用。

④ strict 是否启用 Visual Basic 限制编译选项功能。其值为 true 时启用，为 false 时不启用。

<compilation> 元素配置范例如下：

```
<configuration>
<system.web>
    <compilation
        defaultLanguage="c#"
        debug="true"
        explicit="true"
    strict="true"/>
</system.web>
</configuration>
```

在 <compilation> 元素中还可以添加 <compiler>、<assemblies>、<namespaces> 等子标记，它们的使用可以更好地完成编译方面的有关设置。

（5）<customErrors>

该配置元素用于完成两项工作：一是启用或禁止自定义错误；二是在指定的错误发生时，将用户重定向到某个 URL。它主要包括以下两种属性。

① mode 具有 On、Off、RemoteOnly 3 种状态。On 表示启用自定义错误；Off 表示显示详细的 ASP.NET 错误信息；RemoteOnly 表示给远程用户显示自定义错误。一般来说，出于安全方面的考虑，只需要给远程用户显示自定义错误，而不显示详细的调试错误信息，此时需要选择 RemoteOnly 状态。

② defaultRedirect 当发生错误时，用户被重定向到默认的 URL。

另外，<customErrors> 元素还包含一个子标记——<error>，用于为特定的 HTTP 状态码指定自定义错误页面。它具有以下两种属性。

① statusCode 自定义错误处理程序页面要捕获的 HTTP 错误状态码。

② redirect 指定的错误发生时，要重定向到 URL。

<customErrors> 元素配置范例如下：

```
<configuration>
<system.web>
    <customErrors
        mode="RemoteOnly"
        defaultRedirect="defaultError.aspx"
          <error statusCode="400"
redirect=Errors400.aspx/>
<error statusCode="401"
          redirect=Errors401.aspx/>
/>
</system.web>
</configuration>
```

（6）<globalization>

该配置元素主要完成应用程序的全局配置。它主要包括以下 3 种属性。

① fileEncoding 用于定义编码类型，供分析 ASPX、ASAX 和 ASMX 文件时使用。

② requestEncoding 指定 ASP.NET 处理的每个请求的编码类型，其可能的取值与 fileEncoding 特性相同。

③ responseEncoding 指定 ASP.NET 处理的每个响应的编码类型，其可能的取值与 fileEncoding 特性相同。

<globalization> 节配置范例如下：

```
<configuration>
<system.web>
    <globalization
        fileEncoding = "utf-8"
        requestEncoding = "utf-8"
        responseEncoding = "utf-8"
    />
</system.web>
    </configuration>
```

（7）<sessionState>

该配置用于完成 ASP.NET 应用程序的会话状态设置。它主要有以下 5 种属性。

① mode 指定会话状态的存储位置。共有 Off、Inproc、StateServer 和 SqlServer 4 种状态。Off 表示禁用会话状态；Inproc 表示在本地保存会话状态；StateServer 表示在远程状态服务器上保存会话状态；SqlServer 表示在 SQL Server 中保存会话状态。

② stateConnectionString 用来指定远程存储会话状态的服务器名和端口号。在将模式 mode 设置为 StateServer 时，需要用到该属性。默认为本机。

③ sqlConnectionString 指定保存状态的 SQL Server 的连接字符串。在将模式 mode 设置为 SqlServer 时，需要用到该属性。

④ Cookieless 指定是否不使用客户端 cookie 保存会话状态。设置为 true 表示不使用，为 false 表示使用。

⑤ timeout 用来定义会话空闲多少时间后将被中止。默认时间一般为 20min。

<sessionState> 节配置范例如下：

```
<configuration>
<system.web>
  <sessionState
    mode = "SqlServer"
    stateConnectionString = "tcpip = 127.0.0.1:8080"
    sqlConnectionString = "data source = 127.0.0.1; user id = sa; password = "
    Cookieless = "false"
    Timeout = "25"   />
</system.web>
</configuration>
```

（8）<trace>

该配置元素用来实现 ASP.NET 应用程序的跟踪服务，在程序测试过程中定位错误。其主要属性如下。

① enabled 指定是否启用应用程序跟踪功能。true 为启用，false 为禁用。

② requestLimit 指定保存在服务器上请求跟踪的个数。默认值为 10。

③ pageOutput 指定是否在每个页面的最后显示应用程序的跟踪信息。true 为显示，false 为不显示。

④ traceMode 设置跟踪信息输出的排列次序。默认为 SortByTime（时间排序），也可以定义为 SortByCategory（字母排序）。

⑤ localOnly 指定是否仅在 Web 服务器上显示跟踪查看器。true 为仅在服务器控制台上显示跟踪查看器；false 为在任何客户端上都显示跟踪输出信息，而不仅是在 Web 服务器上。

<trace> 元素配置范例如下：

```
<configuration>
<system.web>
    <trace
        enabled = "true"
        requestLimit = "20"
        pageOutput = "true"
        traceMode = "SortByTime"
        localOnly = "false"
/>
</system.web>
</configuration>
```

（9）<authentication>

该配置元素主要进行安全配置工作。它最常用的属性是 mode，用来控制 ASP.NET Web 应用程序的验证模式，可以设置为以下任一种值。

① Windows 用于将 Windows 指定为验证模式。

② Forms 采用基于 ASP.NET 表单的验证。

③ Passport 采用微软的 Passport 验证。

④ None 不采用任何验证方式。

另外，<authentication> 元素还有一个子标记 <forms>，使用该标记可以对 cookie 验证进行设置。它包含以下 5 种属性。

① name 用于验证的 cookie 名称。如果一台机器上有多个应用程序使用窗体验证，每个应用程序的 cookie 名称必须不同。

② loginUrl 未通过 cookie 验证时，将用户重定向到 URL。

③ protection 指定 cookie 的数据保护方式。它有 All、None、Encryption 和 Validation 4 个值。All（默认值）表示对 cookie 进行加密和数据验证；None 表示不保护 cookie，这种网站只将 cookie 用于个性化，安全要求较低；Encryption 表示对 cookie 进行加密，不进行数据保护；Validation 表示对 cookie 验证数据，不进行加密。

④ timeout 指定 cookie 失效的时间，超时后将需要重新进行登录验证获得新的 cookie。单位为分钟。

⑤ path 指定 Web 应用程序创建的 cookie 的有效的虚拟路径。

<authentication> 元素范例如下：

```
<configuration >
<system.web >
        < authentication mode ="Forms"  >
                <forms name =".FormsAuthCookie"
                        loginUrl ="login.aspx"
                        protection ="All"
                        timeout ="10"
                        path ="pathForCookie"
                />
        />
</system.web >
</configuration >
```

在实际应用中，ASP.NET 应用程序的安全配置使用非常广泛且很实用。

3.13　Global.asax 的文件配置

　　global.asax 是一个文本文件，它提供全局可用代码。这些代码包括应用程序的事件处理程序以及会话事件、方法和静态变量。有时该文件也被称为应用程序文件。

　　global.asax 文件中的任何代码都是它所在的应用程序的一部分。每个应用程序在其根目录下只能有一个 global.asax 文件。然而，这个文件是可选的。如果没有 global.asax 文件，应用程序将对所有事件应用由 HttpApplication 类提供的默认行为。

　　当应用程序运行的时候，global.asax 的内容被编译到一个继承自 HttpApplication 类的类中。因此，HttpApplication 类中所有的方法、类和对象对于应用程序都是可用的。

　　CLR 监控着 global.asax 的变化。如果它察觉到这个文件发生了改变，那么将自动启动一个新的应用程序复本，同时创建一个新的应用程序域。原应用程序域当前正在处理的请求被允许结束，而任何新的请求都交由新应用程序域来处理。当原应用程序域的最后一个请求处理完成时，这个应用程序域即被清除。这样有效地保证了应用程序可以重新启动，而不被任何用户察觉。

3.13.1　Global.asax 文件格式

　　global.asax 文件从外观和结构上与页面文件(.aspx)相似。它可以有一个或多个部分，简要描述如下：

　　通过右击解决方案资源管理器中的网站或者单击网站菜单，然后选择"添加新项"，接着选择全局应用程序类，可以为 Web 应用程序添加一个 global.asax 文件。保留默认名称 global.asax。

　　Visual Studio 2010 将创建一个如下的示例文件。模板中包括对以下 5 个事件的空白声明：Application_Start、Application_End、Application_Error、Session_Start 和 Session_End。

```
<%@ Application Language ="C#" % >
<script runat ="server" >
    void Application_Start(object sender, EventArgs e)
    {
```

```
//在应用程序启动时运行的代码
    }

    void Application_End(object sender, EventArgs e)
    {
//在应用程序关闭时运行的代码
    }

    void Application_Error(object sender, EventArgs e)
    {
//在出现未处理的错误时运行的代码
    }

    void Session_Start(object sender, EventArgs e)
    {
//在新会话启动时运行的代码
    }

    void Session_End(object sender, EventArgs e)
    {
//在会话结束时运行的代码。
        //注意：只有在 Web.config 文件中的 sessionstate 模式设置为 InProc 时,才会引发
Session_End 事件。如果会话模式设置为 StateServer 或 SQLServer,则不会引发该事件。
    }
</script>
```

与 Web 页和 Web 服务文件相比，global.asax 可以以多个指令作为开始。这些指令在处理 ASP.NET 文件时指定应用程序编译的设置。与 Page 指令相比，Application 指令可接受一个或者多个具有字典结构的属性/值对。此处支持 3 个指令：Application、Import 和 Assembly。

3.13.2　Global.asax 文件实例

脚本块中的代码可以包含事件处理程序或者方法，如同 Web 页和控件可以公开事件一样，应用程序中的 Application 对象和 Session 对象也能够公开事件。这些事件能被 global.asax 文件或指定的文件中的事件处理程序处理。例如，当应用程序开始执行时，触发 Application_Start 事件；当应用程序结束时，触发 Application_End 事件。Application 的某些事件是每当页面请求时触发，而其他一些事件，例如 Application_Error，则只是在特定情况下触发。

下面是一个写日志的示例，示例中的 Application_Start 事件设置了两个 Application 属性，一个是名为 strConnectionString 的字符串，一个是名为 arBooks 的字符串数组。事件处理程序方法调用一个名为 WriteFile 的辅助方法，它包含在 global.asax 文件中。该辅助方法将一个字符串写入日志文件中。以下是相关 WriteFile 的代码：

```
void WriteFile(string strText)
    {
        System.IO.StreamWriter writer = new System.IO.StreamWriter(@"C:\log.txt", true);
        string str;
        str = DateTime.Now.ToString() + " " + strText;
        writer.WriteLine(str);
        writer.Close();
    }

    void Application_Start(object sender, EventArgs e)
    {
        //在应用程序启动时运行的代码
        WriteFile("开始运行");
    }

    void Application_End(object sender, EventArgs e)
    {
        WriteFile("结束运行");
        //在应用程序关闭时运行的代码
    }
```

WriteFile 是一个简单的记录日志的方法。该方法初始化一个基于文本文件的 StreamWriter 对象,并对 c:\log.txt 进行硬编码。它在文件中添加了一个时间戳,并写入通过参数 strText 传递的字符串。StreamWriter 方法的布尔值参数为 true,表示如果文件已经存在,那么将文本行追加到文件中,如果文件不存在,则创建一个文件。

Application_Start 和 Application_End 事件处理方法中分别调用了 WriteFile 方法,通过传递不同的参数将相应的信息写入日志文件 log.txt 中。

为了查看这两个事件处理程序的结果,可对 global.asax 进行一些无意义的编辑,并保存文件。此时将强制结束应用程序。然后请求网站中的任意 URL 地址。下面显示了日志文件的内容:

```
2014/6/20 9:53:55 开始运行
2014/6/20 9:56:55 结束运行
2014/6/20 9:57:09 开始运行
2014/6/20 10:25:40 结束运行
2014/6/20 10:25:58 开始运行
2014/6/20 10:26:05 结束运行
```

Session 对象也拥有 Session_Start 和 Session_End 事件。这将允许应用程序每次启动和结束过程中为每个会话都运行代码。表 3-6 为 Session 的常用事件。

表 3-6 Session 的常用事件

事件	说明
Application_BeginRequest	当 ASP.NET 开始处理每个请求时触发。在这个事件处理中的代码将在页面或者服务处理请求之前执行

(续)

事 件	说 明
Application_AuthenticateRequest	在验证请求之前触发。在这个事件处理程序的代码中允许实现自定义安全管道
Application_AuthorizeRequest	在为请求授权之前触发。(授权时确定是否请求用户具有访问资源的权限的过程)在这个事件处理程序的代码中允许实现自定义安全管道
Application_ResolveRequestCache	在 ASP.NET 确定是否应该生成新的输出,或者由缓存填充前触发。无论何种情况,都将执行该事件处理程序中的代码
Application_AcquireRequestState	在获取会话状态之前执行
Application_PreRequestHandlerExecute	在将请求发送到服务器请求的处理程序对象之前触发。当事件触发后,页面将由 HTTP 处理程序处理请求
Application_PostRequestHandlerExecute	当 HTTP 处理程序与页面请求一起完成时触发。此时,Response 对象将获得由客户端返回的数据
Application_ReleaseRequestState	当释放和更新视图状态时触发
Application_UpdateRequestCache	如果输出被缓存,那么缓存更新时将触发
Application_EndRequest	当请求结束时执行
Application_PreSendRequestHeaders	在向客户端发送 HTTP 头之前触发
Application_PreSendRequestContent	在向客户端发送 HTTP 内容之前触发

本章小结

本章从 ASP.NET 环境搭建出发,介绍了 ASP.NET 应用程序的基本构架、Page 的基本处理流程、母版页的应用以及 HTML 表单与 Web 窗体的创建和编辑。通过母版页的应用,方便实现 Web 应用的统一界面。

习 题

1. 简述 ASP.NET 页面的处理过程。
2. 设计一个母版页,并基于该母版页创建其他 Web 窗体。
3. 如何确定当前网站的物理文件路径?

第4章　ASP.NET 的内置对象

本章学习目标

本章介绍 ASP.NET 的常用内部对象：Page、Response、Request、Application、Session、Server 等。通过本章的学习，读者应该掌握以下内容：
- ASP.NET 的常用内部对象。
- 内部对象的常规使用方法。
- Session 对象的生命周期。

4.1　ASP.NET 内置对象简介

ASP.NET 是完全面向对象的编程环境，它提供了实现编程功能的一系列的类库，这些类既包括有界面的控件，也包括无界面的对象，这些对象使用户更容易收集通过浏览器发送的信息、响应浏览器以及存储用户信息。

ASP.NET 不仅在 ASP 的基础上继承了内置对象，而且增加了更多的属性和方法。这些对象同样会在系统执行时自动声明初始化，并引入页面，所以可以直接使用，操作方便。基本的内置对象如下：

① Page 对象　该对象已在第 2 章介绍。

② Response 对象　控制和管理发送到浏览器上的信息。可以使用 Response 对象控制发送给浏览器用户的信息，包括直接发送信息给浏览器、重定向浏览器到另一个 URL 或设置 cookie 的值。

③ Request 对象　负责从网络浏览器端读取用户的信息。用户可以使用 Request 对象访问任何用 HTTP 请求传送的信息，包括从 HTML 表单用 POST 方法或 GET 方法传递的参数、cookie 和用户认证。

④ Application 对象　负责存储站点或项目中公共信息，以便在多个用户之间共享信息。该对象实现了应用程序所有用户间的信息共享，尤其是在多任务执行状态下，同一个应用程序、多个 ASPX 文件之间，同一个 Web 应用程序的用户都能共享该对象中存储的相关信息。

⑤ Session 对象　存储单个用户的信息，以便重复使用。该对象主要用来存储特定的用户会话所需的信息。Session 对象信息只属于一位用户，当用户在应用程序的页面之间跳转时，存储在 Session 对象中的变量不会被清除。

⑥ Server 对象　控制网络服务器运行环境各个方面的问题。如获取用户浏览器的信息，将虚拟路径映射到物理路径及设置脚本的超时期限等。

4.2　Response 对象

Response 对象是 System.Web.HttpRespone 类的实例，用于将数据从服务器发送回浏览器，并对发送过程进行控制。对于传统的 ASP 程序，Response 对象是唯一通过编程向客户发送 HTML 文本的方式。现在，服务器端控件具有内嵌的、面向对象的方法呈现自身，编程的过程中只是设置它们的属性。Response 对象可以用来在页面中输入数据、在页面中跳转，还可以传递各个页面的参数。它与 HTTP 协议的响应消息相对应。例如，在浏览器中动态创建 Web 页面显示内容、改变 HTTP 标题头、重新将客户端定向到指定页面中、设置缓冲信息等。

在 C#中使用 Response 对象的基本语法如下：

Response [.属性|方法][变量];

属性和方法这两个参数只能选择一个。变量是一些字符串变量，用来作为方法的参数。

4.2.1 Response 对象的属性

该对象将 HTTP 响应数据发送到客户端，并包含有关该响应的信息。其常用属性见表 4-1 所列。

表 4-1 Response 对象的常用属性

属 性	说 明
BufferOutput	获取或设置一个值，该值指示是否缓冲输出，并在完成处理整个响应之后将其发送
Cache	获取 Web 页的缓存策略，如过期时间、保密性等
Charset	设定或获取 HTTP 的输出字符编码
Expires 和 ExpiresAbsolute	通过这些属性为页面缓存输出 HTML，从而提升后续请求性能
Cookies	获取当前请求的 Cookie 集合
ContentType	设置输出内容的类型
IsClientConnected	传回客户端是否仍然和 Server 连接，如果不是，用户可以停止一些耗时的操作

4.2.2 Response 对象的方法

Response 对象可以输出信息到客户端，包括直接发送信息给用户的浏览器、重定向浏览器到另一个 URL，或者设置 Cookie 的值。该对象的常用方法见表 4-2 所列。

表 4-2 Response 对象的常用方法

方 法	说 明
AddHeader	将一个 HTTP 头添加到输出流
AppendToLog	将自定义日志信息添加到 IIS 日志文件
Clear	将缓冲区的内容清除，前提是 Buffer 属性为 Ture，语法：在 C#中为 Response.Clear();
End	将目前缓冲区中所有的内容发送至客户端后关闭，语法：在 C#中为 Response.End();
Flush	将缓冲区中所有的数据发送至客户端，前提是 Buffer 属性为 Ture，语法：在 C#中为 Response.Flush();
Redirect	将网页重新导向另一个地址，语法：在 C#中为 Response.Redirect("URL")

(续)

方法	说明
Write	将数据输出到客户端
WriteFile	将指定的文件直接写入 HTTP 内容输出流

4.2.3　使用 Response.Write 向客户端发送信息

新建一个 Web 窗体，编辑窗体的代码文件，在 Page_Load 函数中添加如下代码，该代码主体为一个 for 循环，循环体中输出 i∗i 的表达式及计算结果，输出的"
"为 HTML 标记：

```
protected void Page_Load(object sender, EventArgs e)
{
    for (int i = 1; i < 5; i++)
        Response.Write("<br>" + i + " * " + i + " = " + i * i);
}
```

运行结果如图 4-1 所示。

图 4-1　Response.Write 运行结果

4.2.4　使用 Response.End 方法调试程序

Response.End 方法可以停止当前页面程序的执行。利用这个特性，可以结合 Response.Write 方法输出当前页面的某个变量或者数组元素的值后停止程序的执行，以便进行程序的调试。示例代码如下：

```
protected void Page_Load(object sender, EventArgs e)
{
    int sum = 0;
    for (int i = 0; i < 6; i++){
        sum += i;
        if (i == 3)  {
            Response.Write(sum);
            Response.End();
        }
    }
    Response.Write(sum);
}
```

该示例在 Page_Load 事件中计算 1 + 2 + … + 5 的值，在循环体中判断变量 i 的值，若 i = 3 则输出 sum 的值，然后停止程序运行，第 2 个输出语句 Response. Write(sum)不会被执行到。其运行结果如图 4-2 所示。

图 4-2　Resposne. Write 示例输出结果

4.2.5　使用 Redirect 方法进行页面重定向

在 Web 应用程序开发中，常需要在程序执行到某个位置时进行页面重定向，使用 Response 对象的 Redirect 方法可以实现这种应用需求。例如，新建一个名为 WebFrom3 的 Web 窗体，在 WebFrom3. aspx 设计视图中，从左侧工具箱中拖入一个按钮（Button）控件。界面设计如图 4-3 所示。

图 4-3　窗体中放置按钮

双击页面中的 Button 控件，Visual Studio 将自动建立该按钮的单击事件处理函数 Button1_Click，并自动跳转至该函数，在该函数体内添加用于跳转指定网页的语句 Response. Redirect("http://www. baidu. com")，如图 4-4 所示。

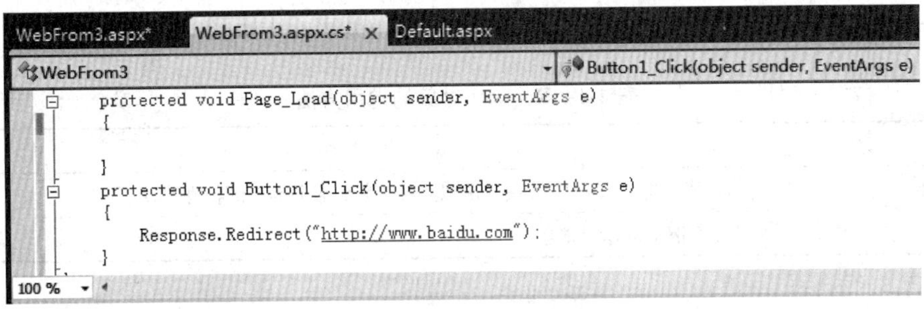

图 4-4　添加重定向功能

运行程序，单击 Button 按钮，浏览器将重定向至"百度"的首页。

4.3　Request 对象

Request 对象是 System. Web. HttpRequest 类的一个实例，用来获取从客户端提交和上传的信息。使用该对象可以访问任何用 HTTP 请求传递的信息，包含所有 URL 中参数信息及其他所有由客户端发送的信息（如客户端 IP 地址、客户端浏览器版本信息、客户端机器的 DNS 名称等）。

在 C#中使用 Request 对象的基本语法如下：

Request [. 属性 | 方法][变量];

4.3.1 Request 对象的属性

该对象可以使用户获得 Web 请求的 HTTP 数据包的全部信息，其常用属性见表 4-3 所列。

表 4-3 Request 对象的常用属性

属　性	说　明
ApplicationPath	获取服务器上 ASP.NET 应用程序虚拟应用程序的根目录路径
Browser	获取或设置正在请求的客户端浏览器的功能信息
ContentLength	指定客户端发送的内容长度(以字节计)
Cookies	获取客户端发送的 Cookie 集合
FilePath	获取当前请求的虚拟路径
Files	获取采用多部分 MIME 格式的由客户端上载的文件集合
Form	获取窗体变量集合，对于大多数情况应该通过控件属性获取这些信息而一般不使用该集合
Item	从 Cookies、Form、QueryString 或 ServerVariables 集合中获取指定的对象
Params	获取 QueryString、Form、ServerVariables 和 Cookies 项的组合集合
Path	获取当前请求的虚拟路径
QueryString	获取 HTTP 查询字符串变量集合
UserHostAddress	获取远程客户端 IP 主机地址
UserHostName	获取远程客户端 DNS 名称

4.3.2 Request 对象的方法

Request 对象的主要方法有 MapPath 和 SaveAs，见表 4-4 所列。

表 4-4 Request 对象的常用方法

方　法	说　明
MapPath	为当前请求将请求的 URL 中的虚拟路径映射到服务器上的物理路径
SaveAs	将 HTTP 请求保存到磁盘

4.3.3 Request.QueryString 的应用

通过 Request 对象可以从客户端得到数据，获取数据的方式有 Request.Form 和 Request.QueryString 两种，对应客户端提交表单时采用 POST 或 GET 方法。

GET 方法将提交的数据构造成为 URL 的一部分传递给服务器，方法是在 URL 之后加"?"再加上传递的参数，多个参数间用"&"符号分隔，每对参数采用"name = value"的形式进行表述。例如，http://.../show.aspx?id = 3&mc = test，网址中含有两对参数，分别是 id 传递值为 3，mc 传递值为 test。

下面的示例用于获取 GET 方法传递的数据。在 Web 项目中新建一个名为 show.aspx 的 Web 窗体，在 Page_Load 函数中添加如下所示的两行代码：

```
protected void Page_Load(object sender, EventArgs e)
{
    string name = Request.QueryString["xm"];
    Response.Write("Hello , " + name );
}
```

运行并访问该页面,此时浏览器地址栏中的网址为 http://.../Show.aspx,网址中不带任何参数,页面显示字符串"Hello,",如图 4-5 所示。

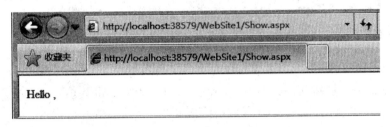

图 4-5 不带参数的 URL

修改浏览器地址栏的网址,在 Show.aspx 之后添加"?xm = Kite",然后回车访问,网页显示字符串"Hello,Kite",Kite 为通过 Request.QueryString 获得的"xm"参数的值,实际操作时可将 Kite 更换为其他字符进行测试,运行结果如图 4-6 所示。

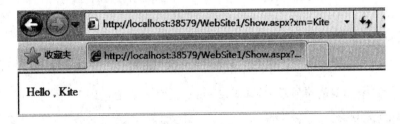

图 4-6 通过 QueryString 传递数据

4.3.4 Request.Form 的应用

下面的示例采用 POST 方法传递数据。

(1)项目中添加一个 HTML 页,采用默认文件名 HTMLPage.htm,如图 4-7 所示。

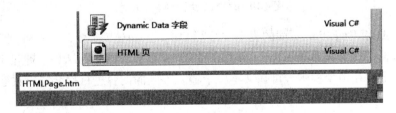

图 4-7 新增 HTML 页

在 HTMLPage.htm 页面源码的 body 标记中间添加如图 4-8 所示的 HTML 代码,其中 form 为表单,表单的 action 属性指明该表单提交时的 URL,method 属性指明该表单提交时的方法为 POST。表单中含有两个控件,一个是名称为 xm 的文本框,一个是提交按钮。

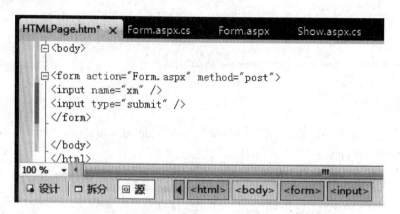

图 4-8　HTML 页面源码

（2）在项目中添加新项，类别为 Web 窗体，命名为 Form.aspx，并在相应的代码文件 Form.aspx.cs 文件的 Page_Load 函数中添加如图 4-9 所示的一行代码。

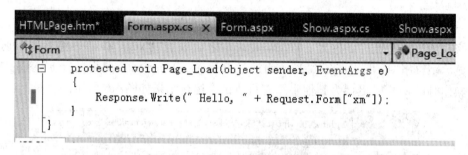

图 4-9　Form.aspx 代码页面

（3）运行程序，浏览器显示 HTMLPage.htm 页面，如图 4-10 所示。

图 4-10　HTML 页面的表单填写

（4）在 HTMLPage.htm 页面的表单中填写"Tom"，单击"提交查询内容"按钮，表单中填写的数据将提交到 Form.aspx，并得到如图 4-11 所示的运行结果，通过 POST 传递的参数并不显示在地址栏中。可在文本框中输入不同的内容进行提交，以观察程序的运行效果。

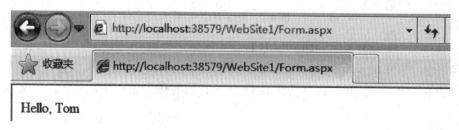

图 4-11　提交表单的运行结果

4.3.5 利用 Request 对获取一些本机信息

例如获取如下信息：

客户端 IP 地址：Request.ServerVariables.Get("Remote_Addr").ToString()
客户端主机名：Request.ServerVariables.Get("Remote_Host").ToString()
客户端浏览器 IE：Request.Browser.Browser
客户端浏览器版本号：Request.Browser.MajorVersion
客户端操作系统：Request.Browser.Platform
服务器 IP 地址：Request.ServerVariables.Get("Local_Addr").ToString()
服务器名：Request.ServerVariables.Get("Server_Name").ToString()

4.4 Application 对象

Application 对象是 System.Web.HttpApplication 类的一个实例。由于变量的生命周期受限于网页，所以每当 ASPX 文件被解释执行完毕之后，变量的内容就不存在了。Application 对象提供了持久保存变量的功能，除非重启服务器或应用程序，而且它是公共的，所有用户都可以访问。Application 对象中定义的变量称为应用程序变量，该对象的数据存储是通过"键/值"对的方式来保存数据，在 C#语言中语法如下：

```
Application[varName]=值;
```

其中，varName 为变量名。

Application 对象的常用属性、常用方法、常用集合分别见表 4-5～表 4-7 所列。

表 4-5 Application 对象的常用属性

属 性	说 明
AllKeys	返回全部 Application 对象变量名到一个字符串数组中
Count	获取 Application 对象变量的数量
Item	允许使用索引或 Application 变量名称传回内容值

表 4-6 Application 对象的常用方法

方 法	说 明
Add	新增一个 Application 对象变量
Clear	清除全部 Application 对象变量
Lock	锁定全部 Application 对象变量
Remove	使用变量名称移除一个 Application 对象变量
RemoveAll	移除全部 Application 对象变量
Set	使用变量名称更新一个 Application 对象变量的内容
UnLock	解除锁定的 Application 对象变量

表 4-7 Application 对象的常用集合

集 合	说 明
Contents	用于访问应用程序状态集合中的对象名
StaticObjects	确定某对象指定属性的值或遍历集合，并检索所有静态对象的属性

利用 Application 对象可以实现不同 Web 窗体间的数据交换,下面的示例利用 Application 对象在不同的 Web 窗体间传递信息。

(1)项目中添加一个名称为 SetApp.aspx 的 Web 窗体,在 SetApp.aspx.cs 文件的 Page_Load 事件函数中增加如下代码,该段代码新增加一个名称为"SysName"的变量,并赋值为字符串"信息管理系统":

```
Application.Lock();
Application["SysName"] = "信息管理系统";
Application.UnLock();
```

(2)项目中添加一个名称为 ShowApp.aspx 的 Web 窗体,在 ShowApp.aspx.cs 文件的 Page_Load 事件函数中增加如下代码,显示出 Application 对象中名称为"SysName"的变量值:

```
Response.Write(Application["SysName"]);
```

(3)运行程序,先直接访问 ShowApp.aspx 页面,因为 Application["SysName"]没有赋过值,所以页面不会有任何内容输出。

(4)更改浏览器地址,访问 SetApp.aspx 页面,然后再访问 ShowApp.aspx 页面,此时 ShowApp.aspx 页面会显示 Application 对象中"SysName"变量的值:信息管理系统。

Lock 方法可以阻止其他页面在同一时间对 Application 对象的访问和修改,以确保在同一时刻仅有一个页面进行修改和存取 Application 中的变量。如果程序中没有明确调用 Unlock 方法,则服务器将在页面文件结束或超时时解除对 Application 对象的锁定。

4.5 Session 对象

HTTP 协议是无状态的,该协议不具备服务器跟踪用户请求的功能。Session 弥补了 HTTP 协议的局限,当用户第一次请求应用程序中的某个.aspx 文件时,ASP.NET 将生成一个 SessionID,它唯一标识每个用户会话,并将 SessionID 作为一个 Cookie 存储在用户的 Web 浏览器中。

Session 对象的类名称是 System.Web.SessionState.HTTPSessionState,为当前用户会话提供信息,主要用于存储从一个用户开始访问某个特定的主页起,到用户离开为止,特定的用户会话所需要的信息,比如用于实现用户登录的认证。用户在应用程序的页面间切换时,Session 对象中的变量不会被清除。

4.5.1 Session 对象的属性和集合

Session 对象的常用属性和集合见表 4-8 和表 4-9 所列。

表 4-8 Session 对象的常用属性及说明

属性	说明
TimeOut	传回或设定 Session 对象变量的有效时间,如果使用者超过有效时间没有动作,Session 对象就会失效。默认值为 20min

表 4-9 Session 对象常用集合

集合	说明
Contents	用于确定指定会话项的值或遍历 Session 对象的集合
StaticObjects	确定某对象指定属性的值或遍历集合，并检索所有静态对象的所有属性

4.5.2 Session 对象的方法

Session 对象的常用方法见表 4-10 所列。

表 4-10 Session 对象的常用方法

方法	说明
Add	向会话状态集合添加一个新项
Abandon	取消当前会话
Clear	清除全部的 Session 对象变量，但不结束会话

4.5.3 Session 信息的存取

使用 Session 对象定义的变量称为会话变量。会话变量只能用于会话中的特定用户，应用程序的其他用户不能访问或修改这个变量，而 Application 对象中定义的应用程序变量则可由应用程序的其他用户访问或修改。Session 对象定义变量的方法与 Application 对象相同，都是通过"键/值"对的方式来保存数据，在 C#语言中语法如下：

Session[varName] = 值;

其中，varName 为变量名。

下面的代码为 Session 信息存储的示例：

```
Session["Name"] = TextBox1.Text;     //将 TextBox 控件的文本存储到 Session["Name"]中
TextBox1.Text = Session["Name"].ToString(); //将 Session["Name"]的值读取到 TextBox 控件中
Session.Add("xm", "zhang");
Response.Write(Session["xm"]);      //输出为 zhang
Session.Abandon();
Response.Write( Session["xm"]);     //取消会话后,输出为空
```

执行 Session.Abandon()就会将当前 Session 对象删除，下一次再访问应用的某个页面就会生成新的 Session 对象，通常用于退出登录的操作。

4.5.4 Session 对象的生命周期信息

Session 保存在服务器端。为了获得更高的存取速度，服务器一般把 Session 放在内存里，每个用户都会有一个独立的 Session。如果 Session 内容过于复杂，当大量客户访问服务器时可能会导致内存溢出。因此，Session 里的信息应该尽量精简。

Session 有效时间默认为 20min，这个时间是指用户不再访问应用的任何页面时，维持这个用户的会话身份的有效时间是 20min，超过 20min 即会话超时，该用户的所有会话变量都将消失。如果用户在 20min 内再次刷新或访问页面，则这个时间重新计算，即在每次刷新或访问页面的时间都不超过 20min 的情况下，是不会出现会话超时的。

4.5.5 Session 对象的事件

当没有会话的用户打开应用程序中的 Web 页时，Web 服务器会自动创建会话。当超时或服务器调用 Abandon 方法时，服务器将终止该会话。会话有两个事件，即 Session_OnStart 事件和 Session_OnEnd 事件。可以在全局文件 Global.asax 中为这两个事件指定处理的代码。

Session_OnStart 事件在服务器创建新会话时发生，服务器在执行请求的页面之前先执行该脚本，所有内建对象都可以在 Session_OnStart 事件脚本中使用和引用。

Session_OnEnd 事件在会话被放弃或超时时发生，在事件处理脚本中只有 Application、Server 和 Session 对象可以使用。

4.6 Server 对象

Server 对象继承于 System.Web.HttpServerUtility 类，用来配置服务器环境、创建 COM 对象和 Scripting 组件、提供访问服务器的接口，同时它还可以转换数据格式、管理站点页面的执行等。通俗来说 Server 对象就是 ASP.NET 服务器的底层管家，用于访问服务器上的资源，熟练控制 Server 对象，能够更好地发挥服务器的功能。

4.6.1 Server 对象的属性

Server 对象的常用属性见表 4-11 所列。

表 4-11 Server 对象的常用属性

属 性	说 明
MachineName	获取服务器的计算机名称
ScriptTimeout	获取和设置请求超时值（以秒计）

4.6.2 Server 对象的方法

Server 对象的常用方法见表 4-12 所列。

表 4-12 Server 对象的常用方法

方 法	说 明
Execute	在当前请求的上下文中执行指定资源的处理程序，然后将控制返回给该处理程序
HtmlDecode	已被编码的字符串进行解码
HtmlEncode	对要在浏览器中显示的字符串进行编码
MapPath	返回与 Web 服务器上的指定虚拟路径相对应的物理文件路径
UrlDecode	对字符串进行解码，该字符串为了进行 HTTP 传输而进行编码并在 URL 中发送到服务器
UrlEncode	编码字符串，以便通过 URL 从 Web 服务器到客户端进行可靠的 HTTP 传输
Transfer	终止当前页的执行，并为当前请求开始执行新页

4.6.3 Server 对象的应用

（1）HtmlEncode

在网页上显示 HTML 标记时，如果在网页中直接输出，会被浏览器解译为 HTML 的内容，为此通过 HtmlEncode 方法将输出内容编码后再输出即可。如果要将编码后的结果译码回原来的内容，即采用 HtmlDecode 方法。例如：

```
string str = "<br><b><u>This is a demo.</u></b>";
string strEnc = Server.HtmlEncode(str);
//编码后的内容为    &lt;br&gt;&lt;b&gt;&lt;u&gt;This is a demo.&lt;/u&gt;&lt;/b&gt;
Response.Write(strEnc);
Response.Write(Server.HtmlDecode(strEnc));
```

第一个输出语句输出 HtmlEncode 编码后的字符串，浏览器显示了所有的 HTML 标记；第二个输出语句输出 HTML 标记，所以输出内容为带下划线和字体加粗效果的文字。运行结果如图 4-12 所示。

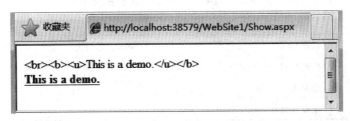

图 4-12　HtmlEncode 运行结果

（2）UrlEncode

UrlEncode 方法可以根据 URL 规则对字符串进行正确的编码。当字符串数据以 URL 的形式传递到服务器时，在字符串中不允许出现空格，也不允许出现特殊字符，此时使用 UrlEncode 方法就要先将值进行编码后再传递。示例代码如下，运行结果如图 4-13 所示。

```
string url = "http://demo.com/show.aspx?mc=" + Server.UrlEncode("this is a demo:test");
Response.Write(url);
```

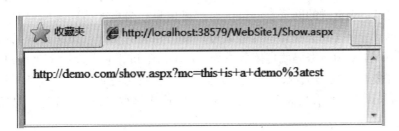

图 4-13　UrlEncode 运行结果

（3）MapPath

使用 MapPath 方法可以将指定的相对或虚拟路径映射到服务器上相应的物理目录

上。代码如下：

```
Response.Write(Server.MapPath("show.aspx"));
```

输出结果为：C:\Documents\Visual Studio 2010\WebSites\WebSite1\show.aspx。

4.7 Cookies 集合

Cookies 是用户计算机中的一个数据集合，每一个数据为 HttpCookie 对象，HttpCookie 对象用于保存客户端浏览器请求的服务器页面，也可用于存放非敏感性的用户信息，信息保存的时间可以根据用户的需要进行设置。并非所有的浏览器都支持 HttpCookie，并且数据信息是以文本的形式保存在客户端计算机中。

4.7.1 HttpCookie 对象的属性和方法

HttpCookie 对象的常用属性和方法见表 4-13 和表 4-14 所列。

表 4-13 HttpCookie 对象的常用属性

属性	说明
Expires	设定 Cookie 变量的有效时间，默认为 1000min，若设为 0，则可以实时删除 Cookie 变量
Name	取得 Cookie 变量的名称
Value	获取或设置 Cookie 变量的内容值
Path	获取或设置 Cookie 适用的 URL

表 4-14 HttpCookie 对象的常用方法

方法	说明
Equals	指定 Cookie 是否等于当前的 Cookie
ToString	返回此 Cookie 对象的一个字符串表示形式

4.7.2 Cookies 文件

Cookies 一词在程序设计中，是一种能够让网站服务器将少量数据储存到客户端硬盘或内存，或是从客户端硬盘读取数据的一种技术。当使用浏览器浏览某网站时，Web 服务器可以通过 Cookies 技术在客户端硬盘上创建一个非常小的文本文件，它可以记录用户 ID、密码、浏览过的网页、停留的时间等信息。当再次访问该网站时，网站通过读取 Cookies，可获得相关信息，这样就可以做出相应的动作，如在页面显示欢迎的标语，或者不用输入 ID、密码就直接登录等。从本质上讲，它可以看做是用户的身份证。但 Cookies 不能作为代码执行，也不会传送病毒，且仅为特定用户所专有，只能由提供它的服务器来读取。保存的信息以"名/值"对的形式储存，一个"名/值"对仅仅是一条命名的数据。

一个网站只能获取它放在电脑中的信息，无法从其他的网站 Cookies 文件中取得信息，也无法得到电脑上的其他任何东西。Cookies 中的内容大多数经过了加密处理，因此一般用户看来只是一些毫无意义的字母数字组合，只有服务器的 CGI 处理程序才知道它们真正的含义。

由于Cookies是浏览的网站传输到用户计算机硬盘中的文本文件或内存中的数据，因此它在硬盘中存放的位置与使用的操作系统和浏览器密切相关。

在Windows 9X系统计算机中，Cookies文件的存放位置为C:/Windows/Cookies；在Windows NT/2000/XP的计算机中，Cookies文件的存放位置为C:/Documents and Settings/用户名/Cookies；在Windows Vista/7的计算机中，Cookies文件的存放位置为C:\Users\user\AppData\Roaming\Microsoft\Windows\Cookies\Low。

注意：硬盘中的Cookies文件可以被Web浏览器读取，它的命令格式为：用户名@网站地址[数字].txt。要注意的是硬盘中的Cookies属于文本文件，并不是程序。下面介绍如何使用Cookie对象存取客户端信息：

（1）要存储一个Cookie变量，可以通过Response对象的Cookies集合。使用语法如下：

```
Response.Cookies[varName].Value=值;
```

其中，varName为变量名。

（2）要取回Cookie，使用Request对象的Cookies集合，并将指定的Cookies集合返回。使用语法如下：

```
变量名=Request.Cookies[varName].Value;
```

本章小结

本章详细介绍了ASP.NET几个常见的内置对象：Page、Response、Request、Application、Session、Server，这些对象使用户更容易收集通过浏览器发送的信息、响应浏览器以及存储用户信息，从而使开发者摆脱很多烦琐工作。ASP.NET在ASP的基础上继承了这些对象，并增加了更多的属性和方法。本章最后讨论了经常用到的Cookies集合。

习 题

1. 利用ASP.NET内部对象设计一个显示客户端IP地址的网页，使用浏览器访问该网页时，会显示客户端的IP地址。
2. 新建两个Web窗体，其中一个窗体中利用Session对象存储一个特定的字符串，在另一个窗体中通过Session对象读取并显示出来。
3. 什么是Cookies？
4. 创建一个窗体，加载页面时计算$1+2+3+\cdots+100$，并利用Response对象显示计算结果。

第 5 章 ASP.NET 服务器控件

本章学习目标

本章介绍 ASP.NET 提供的各种服务器控件,主要包括标准控件、导航控件、验证控件。通过本章的学习,读者应该掌握以下内容:

- 了解 ASP.NET 服务器控件的定义。
- 掌握网页添加 ASP.NET 服务器控件的操作方法。
- 掌握配置控件的属性、行为和外观。
- 掌握控件的事件处理及编程方法。

ASP.NET 的控件是组成网页的重要元素,不同的控件经过不同的组合后,可以用来实现网页的各种不同功能。按照控件的交互方式,控件可以分为 HTML 客户端控件和 ASP.NET 服务器控件。本章主要介绍 ASP.NET 提供的各种服务器控件,可以分为标准控件、导航控件、验证控件等。

5.1 ASP.NET 服务器控件概述

Web 服务器控件是指在服务器上执行程序逻辑的组件,它可能生成一定的用户界面,也可能不包括用户界面。每个 Web 服务器控件都包含一些成员对象,以便开发人员调用。

在默认情况下,服务器无法使用 Web 窗体页上的 HTML 控件。但是,将 HTML 控件转换为 HTML 服务器控件之后,就可以在服务器端进行编程。因为 HTML 服务器控件的对象模型紧密映射到相应 HTML 控件的对象模型上,所以 Web 窗体上的任意 HTML 控件都可以转换为 HTML 服务器控件。

HTML 控件转换是只涉及几个属性的简单过程。作为最低要求,通过添加属性 runat = "server" 之后,HTML 控件即可转换为 HTML 服务器控件。

具有 runat = "server" 属性之后,程序分析期间 ASP.NET 页框架会创建该控件的实例,以便在服务器端的页面处理期间使用。另外,如果希望在代码中以成员形式引用该控件,则在将 HTML 控件转换为 HTML 服务器控件时还需要为控件分配 ID 属性。

最经常使用到的 HTML 服务器控件有窗体、HTML < INPUT > 元素(文本框、复选框、提交按钮等)、列表框(< SELECT >)、表、图像等。这些 HTML 服务器控件具有一般控件的基本属性,此外,每个控件还具有自己的属性集和事件。

5.1.1 服务器控件标记语法

在 ASP.NET 中,所有的控件都以约定的标签标识,其 HTML 语法为 < asp:控件名称 > </控件名称 > 或 < asp:控件名称 / > ,如 Button 控件的定义语法是:

```
< asp:Button ID = "Button1" runat = "server" Text = "Button" / >
```

所有的服务器控件都有 ID 和 runat 这两个属性。ID 属性表示了该控件在该 Web 窗体中的唯一标识号，runat = "server" 是说明该控件是以服务器控件的方式运行的，后台代码可以对该控件执行所有的 ASP.NET 功能。

5.1.2 控件命名规范

Web 开发中常常会用到许多控件，这与编程时会用到许多变量是一样的，为了让程序清晰可读，在命名变量的时候制定了一系列规则，同理，为了让页面上的控件不至于发生混乱，也应该在为其命名时遵循一定的规范。

在 ASP.NET 中，对控件进行命名没有一个非常严格的标准，但是广大开发人员在长期的工作中形成了较为统一的认识标准。表 5-1 列出了常用控件通常的命名方式，供大家学习参考。

表 5-1 控件命名规范

类　型	命名前缀	命名示例
Button	btn	btnCancel
Calendar	cal	calOrderDate
CheckBox	chk	chkAutoSave
CheckBoxList	chkl	chklFavFoods
DropDownList	drop	dropCitys
FileUpLoad	fup	fupDocument
HyperLink	hlk	hlkDetails
Image	img	imgIcon
ImageButton	ibtn	ibtnLogin
ImageMap	imap	imapMenu
Label	lbl	lblTip
ListBox	lst	lstCitys
RadioButton	rad	radSex
Repeater	rpt	rptDetail
TextBox	txt	txtUserName
Table	tbl	tblUserList

5.1.3 控件的添加和事件处理

在 Visual Studio 2010 开发环境中，从工具箱中拖入控件即可将相应的控件添加到 Web 窗体中，如图 5-1 所示。拖入一个 Button 控件后，在 Web 窗体设计视图中显示了一个按钮，按钮显示文本为"Button"，当该控件为选中状态时，右下角的窗口中会显示该控件的属性，图中显示了 Text 属性，若要更改按钮上的文字，直接更改该控件的 Text 属性即可。

ID 属性是控件的编程名称，图 5-1 中显示为"Button1"，当程序代码需要访问该控件时，就可通过"Button1"这个名称来访问该控件对象，例如要在程序中更改该按钮显示的文字，可以通过以下语句来实现：

```
Button1.Text ="提交";
```

图 5-1　Web 窗体中添加控件

服务器端的控件可以建立事件处理程序，该控件关联的事件在客户端(浏览器)上触发，ASP.NET 程序页面在 Web 服务器上处理。对于在页面上声明的控件，可以通过在控件的标记中设置属性将事件绑定到方法。例如下面的代码将 Button 控件 Button1 的单击(Click)事件绑定到 Button1_Click 的方法上，在运行时，当按钮受到单击动作时，ASP.NET 将查找名称为 Button1_Click 的方法，并执行该方法：

```
<asp:Button ID = "Button1" runat = "server"OnClick = "Button1_Click" Text = "Button" />
```

下面的方法就是一个典型的服务器控件事件绑定的方法，该方法在 .aspx.cs 代码文件中：

```
protected void Button1_Click(object sender, EventArgs e)
{
}
```

更简单的方法是在 Web 窗体的设计视图中双击要为其创建默认事件处理程序的控件即可。

另外，可以通过控件属性窗口的事件视图创建更多的事件处理。操作方法是在控件属性窗口中单击"事件"工具按钮，可以切换到事件视图，如图 5-2 所示，该窗口可用于添加或设置控件的事件处理，在事件旁边的单元格中执行下列其中一个操作：①双击；②输入要创建的事件处理函数的名称；③从下拉列表中选择已有的事件处理函数名称。图中 Click 表示单击控件时触发的事件，双击该事件可自动创建该事件的处理函数，在页面运行过程中，用户单击该控件就会执行该事件处理函数。

图 5-2　控件事件窗口

创建控件的事件处理函数后，在Web窗体的控件的源码中会添加相应的单击事件的属性，如图5-3所示。

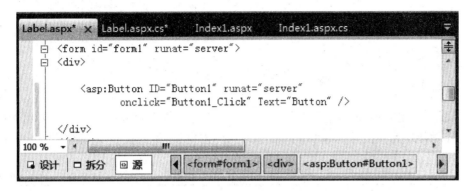

图5-3 控件源码视图

在Web窗体的.aspx.cs文件中也相应地会创建事件处理函数，同时Visual Studio会自动定位到该事件处理程序的源码位置，如图5-4所示。运行程序时如果单击该控件，将触发该事件处理函数的执行。

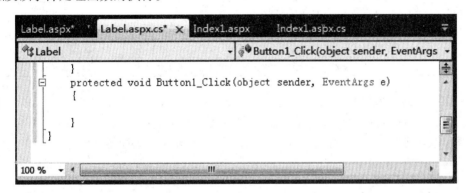

图5-4 控件事件处理函数

5.1.4 控件的通用属性

ASP.NET服务器标准控件具有一些通用属性，即每一个控件中的属性名称与属性设定是相同的。通用属性见表5-2所列。

表5-2 控件的通用属性

属 性	说 明
Style	获取或设置控件的CSS样式属性设定值。CSS属性依控件所支持的CSS属性名称而定，对于不同控件可能含有不同的属性名称。例如，通过对Style属性进行设定，可改变按钮的字体和文本颜色： Button1.Style.Add("FONT-SIZE","20px"); Button1.Style.Add("COLOR","RED");
Parent	获取对网页界面层次结构中服务器控件的父控件引用。例如Button1.Parent
Controls	获取控件的所有子对象集合。语法格式：对象名称.Controls[i]
Visible	是否显示控件。语法格式：对象名称.Visible = True|False

5.2 ASP.NET 服务器标准控件

标准控件是 ASP.NET 提供的基础控件，包含了 ASP.NET 日常程序开发中会经常使用到的一些控件。

5.2.1 Label 控件

Label 控件主要用来在网页中展示文本，尤其是文本内容经常更改、需要给予醒目提示时经常使用到该控件。表 5-3 列出了 Label 控件的常用属性。

表 5-3　Label 控件的常用属性

属　　性	说　　明
ID	控件编程的唯一标识符
Text	获取或设置控件的文本内容
Font	获取或设置控件的文本字体
ForeColor	获取或设置控件的文本颜色
BackColor	获取或设置控件的背景颜色
BorderColor	获取或设置控件的边框颜色
BorderStyle	获取或设置控件的边框样式
ToolTip	获取或设置当鼠标指针悬停在控件上时显示的提示文本

下面通过样例来说明如何通过编程来设置或更改 Label 控件的文本。在项目中添加一个名称为 Label.aspx 的 Web 窗体，在设计视图下从工具箱拖入一个 Label 控件，右下窗口中显示该控件 ID 属性为"Label1"，Text 属性为"Label"。如图 5-5 所示。

图 5-5　添加 Label 控件

切换到 Label.aspx.cs 代码文件，在 Page_Load 中添加一行代码，该代码通过控件的编程名称 Label1 将标签的文字(Text 属性)更改为"测试标签"。如图 5-6 所示。

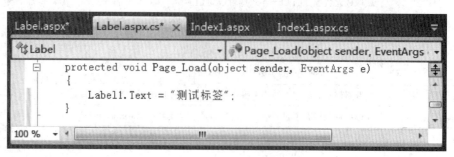

图 5-6　Label 显示文字更改代码

启动项目调试，访问 Label.aspx 页面，页面显示结果如图 5-7 所示。

图 5-7　Label 控件运行结果

5.2.2　Literal 控件

Literal 控件也用于动态文本显示，即通过编程方式动态地改变控件显示的内容。该控件与 Label 控件的不同之处体现在 Literal 控件具有 Mode 属性，Mode 属性有 3 个值：Transform、PassThrough 和 Encode。

① Transform　该值为默认值，表示添加到控件的任何标记都将进行转换，以适应显示该页面的浏览器的协议。

② PassThrough　添加到控件中的任何标记都将按原样呈现在浏览器中，例如将一个表格的 HTML 代码放在 Literal 控件中时，在浏览器中显示出来的就是一个表格。

③ Encode　添加到控件的任何标记都将使用 HtmlEncode 方法进行编码，该方法将把 HTML 编码转换为其文本表示形式。

5.2.3　TextBox 控件

TextBox 控件结合了 HTML 控件 <textbox> 和 <textarea> 的功能，为用户提供在 Web 窗体中输入数据的方法，在少数情况下也用 TextBox 控件来显示文字。该控件主要属性见表 5-4 所列。

表 5-4　TextBox 控件的常用属性

属性	说明
AutoPostBack	在文本被修改，控件失去焦点时是否给服务器发送信息，默认为 False
CssClass	指定外观控件的样式
Text	获取或设置控件的文本字体
MaxLength	限制控件可以输入的最大字符数
ReadOnly	指示能否更改控件中的文本内容
TextMode	指定控件将显示为单行、多行还是密码文本框，对应的属性值分别为 SingleLine（默认）、MultiLine 和 Password
Wrap	指示多行模式下文本内容能否换行
Rows	获取或设置多行模式下文本框显示的行数（当不设置 Height 属性时）

① 添加一个 Button 控件（ID 为 Button1）。设置 Button 控件的 Text 属性为"确定"，下方添加 3 个 Label 控件，分别设置 ID 属性为 GetName、GetPasw、GetIntro。界面设计如图 5-8 所示。

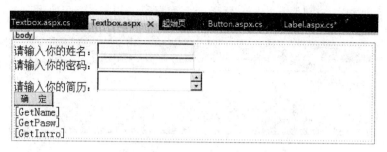

图 5-8　TextBox 界面设计示例

② 双击"确定"按钮，建立该按钮的单击事件处理函数，在事件处理函数中编写如下代码：

```
protected void Button1_Click(object sender, EventArgs e)
{
        //分别将文本框控件中输入的字符串赋给 Label 控件的 Text 属性
        GetName.Text = "你输入的姓名是:" + Name.Text;
        GetPasw.Text = "你输入的密码是:" + Pasw.Text;
        GetIntro.Text = "你输入的简历是:" + Intro.Text;
}
```

③ 运行程序，在文本框中输入内容，单击"确定"按钮后，页面下方的 Label 控件中将显示所输入的内容，如图 5-9 所示。

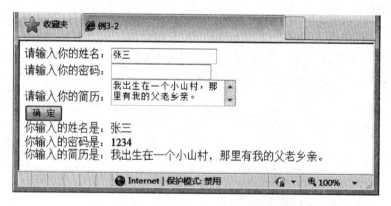

图 5-9　TextBox 控件运行结果

5.2.4　HyperLink 控件

HyperLink 控件称为超链接控件，相当于实现了 HTML 代码中 a 标记的效果。超链接控件通常使用的属性见表 5-5 所列。

表 5-5　HyperLink 控件的常用属性

属　性	说　明
ImageUrl	显示图像的 URL，即图像的位置
NavigateUrl	要跳转页面的 URL
Text	要显示的超链接文字，当设置 ImageUrl 时，Text 文本不显示

下面的样例通过 HyperLink 控件实现一个超链接的功能，操作步骤为：

（1）拖动一个 HyperLink 控件到页面上

（2）在该控件的属性窗口中单击 ImageUrl 属性右侧的按钮选择一个本地图片文件，如图 5-10 所示。

（3）设置 NavigateUrl 属性为某个网址，如 http://www.baidu.com。

（4）运行程序，单击图片链接，浏览器就会跳转到指定的网址。注意：显示图形的尺寸是不可调的，若要改变图形尺寸可配合使用 Image 控件。

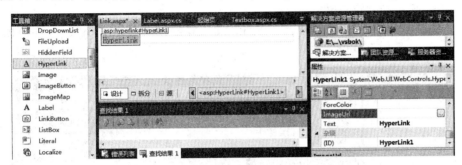

图 5-10　添加 HyperLink 控件

除了静态跳转，还可以根据需要灵活控制 HyperLink 的各个属性，实现动态跳转。例如下面的代码通过设置控件的 NavigateUrl 属性来指定导航地址：

```
HyperLink1.NavigateUrl = "http://test.com";
```

5.2.5　Button、ImageButton 和 LinkButton 控件

在 Web 应用程序中常常需要通过提交表单来实现用户交互。按钮控件能够触发事件，或者将网页中的信息回传给服务器，建立事件处理程序后，当用户单击按钮时，Web 窗体会提交到服务器触发 Page_Load 事件，同时服务器也会响应对该按钮的单击动作。

Button 控件在网页上呈现的是标准命令按钮，ImageButton 控件是将一个图像或图形设置成一个按钮，而 LinkButton 控件则是以超链接的方式来呈现按钮。

除了 ID 和 runat = "server" 属性以外，按钮控件的主要属性见表 5-6 所列。

表 5-6　按钮控件的主要属性

属　　性	说　　明
Enable	设置或获取控件的启用状态
Visible	设置或获取控件的可见状态
BackColor	设置或获取控件的背景颜色
ForeColor	设置或获取控件的前景颜色
Hight	设置或获取控件的高度
Width	设置或获取控件的宽度
Font	复杂属性，设置或获取控件中文本的大小和样式
Text	设置或获取控件显示的文本（Button，LinkButton）
ImageUrl	设置或获取控件显示图像的位置（ImageButton）

通常，显示的图片是使用存放在站点内的图像文件，如 ~/pics/01.jpg，表示网站根目录下 pics 文件夹里的 01.jpg 图像文件。特殊的，也可以通过指定图片文件在网络中的绝对地址来使用其他网站里的图片，如 http://www.abc.com/pics/01.jpg。

下面的样例通过按钮控件实现一个简单的用户交互，窗体中有两个按钮和一个标签控件，按钮显示的文本分别是"+"、"-"，标签控件初始时显示"0"；每单击一次"+"或"-"按钮，标签控件的文本值就增或减少。实现步骤如下：

(1) 在 Web 窗体上添加两个 Button 控件，控件 ID 分别命名为 Add 和 Subtract，其 Text 属性分别设置为"+"和"-"。

(2) 添加一个标签控件，ID 命名为 Result，Text 属性设置为"0"。设计界面如图 5-11 所示。

图 5-11　Button 示例界面设计

(3) 分别双击"+"和"-"按钮，建立默认的单击事件处理程序，并分别编写事件处理代码。其示例代码如下：

```
protected void Substract_Click(object sender, EventArgs e){
//单击 Add 按钮时,把 Result 按钮的 Text 属性值强制转换为整型,减 1 后再转换为字符串返回
    Result.Text = (int.Parse(Result.Text) - 1).ToString();
}
protected void Add_Click(object sender, EventArgs e) {
    Result.Text = (int.Parse(Result.Text) + 1).ToString();
}
```

(4) 运行程序，运行效果如图 5-12 所示，单击相应按钮，标签显示的数值会增加或减小。

图 5-12　按钮控件运行效果

按钮控件的 Click 事件并不能传递参数，所以处理的事件相对简单。如果需要实现参数传递，可以使用 Command 事件，用于传递参数的是按钮控件的 CommandArgument 和 CommandName 属性。下面进一步增加样例的功能。

(5) Web 窗体中添加两个新的按钮控件，Text 属性分别设置为"-2"和"2"，ID 分

别命名为"btnDec2"和"btnAdd2",并按图5-13所示设置CommandArgument和CommandName的属性。

图 5-13 设置 Command 相关属性

(6)分别为两个按钮建立 Command 事件处理程序,名称均为 Count,即单击这两个按钮都会触发 Count 事件处理程序,如图5-14所示。

图 5-14 建立 Command 事件处理程序

单击"−2"和"+2"的按钮均会执行 Count 的事件处理程序,程序中将 CommandArgument 传递的参数转换为整型变量 addNum,然后将标签控件 Text 属性的值转换为整型并与 addNum 相加,运算结果转换为字符串,通过标签控件的 Text 属性来显示。Count 事件处理程序的代码如下:

```
protected void Count(object sender, CommandEventArgs e)
{
    int addNum = int.Parse(e.CommandArgument.ToString());
    Result.Text = (int.Parse(Result.Text) + addNum ).ToString();
}
```

(7)运行程序,单击"+2"或"−2"的按钮,可以将标签控件的值增加或减少2。

5.2.6 Image 控件

HTML 中常用 <img> 标签在网页上显示图像,在 ASP.NET 里也提供了一种具有相同功能的 Image 控件,该控件可以通过后台程序代码来实现对图像的管理。Image 控件的主要属性见表5-7所列。

表 5-7 Image 控件的主要属性

属 性	说 明
ImageAlign	设置或获取控件相对于网页上其他元素的对齐方式
ImageUrl	设置或获取控件中显示的图像的 URL

(续)

属 性	说 明
ToolTip	设置或获取控件在浏览器中的工具提示对象
AlternateText	设置在图像无法显示时显示的备用文本
Height	控件的高度
Width	控件的宽度

和 ImageButton 控件一样，ImageUrl 属性也是用来设置或获取 Image 控件显示图像的位置的，Height 属性和 Width 属性分别用来设置控件显示图像的高和宽，如果未设置这两个属性，则按图像的原始尺寸进行显示。

5.2.7 ImageMap 控件

ImageMap 控件除了能显示图像以外，还支持在该图像上创建多个可以单击的区域，区域可以是椭圆形、矩形或多边形，这些区域称为热点。每个热点都可以作为一个超链接或者图像按钮使用，可以通过 Visual Studio 提供的 HotSport 集合编辑器对热点进行编辑。

下面的示例利用 ImageMap 控件显示 tab.jpg 图像并建立相应的热点：

（1）新建 Web 页面，向页面中添加一个 ImageMap 控件，设置其 ImageUrl 属性为 "~/pics/tab.jpg"，下方放置一个 Label 控件，如图 5-15 所示。

图 5-15 设置 ImageMap 的热点

（2）在 ImageMap 控件的属性窗口，单击 HotSpots 属性的集合按钮调出 HotSport 集合编辑器，对 tab.jpg 图像的热点进行编辑，如图 5-16 所示。

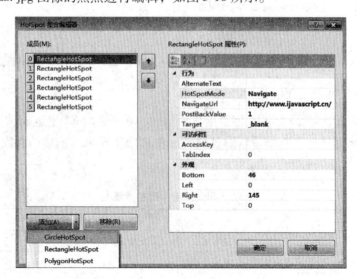

图 5-16 热点编辑

热点模式 HostSpotMode 的常用选项如下：

①Navigate　定向操作，单击热点将会重定向到 NavigateUrl 属性指定的网址。如果 NavigateUrl 属性为空，则默认重定向到 Web 应用程序根目录。

②PostBack　该模式将触发 PostBackValue 属性指定的事件处理程序。

热点的形状有 3 种：CircleHotSpot（圆形热区）、RectangleHotSpot（方形热区）和 PolygonHotSpot（多边形热区）。

编辑热点后，.aspx 文件中的控件源码如下：

```
<form id="form1" runat="server">
<!--将作用点设置为超链接,此时需要设置NavigateUrl属性,即链接到的网址-->
<!--将作用点设置为按钮,服务器根据属性PostBackValue的值来判定为哪个作用点引发的回送-->
<asp:ImageMap ID="ImageMap1" runat="server" ImageUrl="~/pics/tab.jpg"
        onclick="ImageMap1_Click">
<asp:RectangleHotSpot Bottom="46" HotSpotMode="Navigate"
NavigateUrl="http://www.ijavascript.cn/" Right="145" Target="_blank"
        PostBackValue="1" />
<asp:RectangleHotSpot Bottom="46" HotSpotMode="PostBack" Left="145" Right="300"
        PostBackValue="2" />
<asp:RectangleHotSpot Bottom="46" HotSpotMode="Navigate" Left="300"
        NavigateUrl="http://www.asp.net" PostBackValue="3" Right="460"
        Target="_blank" />
<asp:RectangleHotSpot Bottom="46" HotSpotMode="PostBack" Left="460"
        PostBackValue="4" Right="560" />
<asp:RectangleHotSpot Bottom="46" HotSpotMode="PostBack" Left="560"
        PostBackValue="5" Right="750" Target="_blank" />
<asp:RectangleHotSpot Bottom="46" HotSpotMode="PostBack" Left="750"
        PostBackValue="6" Right="918" />
</asp:ImageMap>
</form>
```

（3）建立控件的事件处理程序，其代码如下：

```
protected void ImageMap1_Click(object sender, ImageMapEventArgs e)
    {
        //根据获取的作用点名称来判断单击的作用点是哪个
        switch (e.PostBackValue)
        {
            //没有对名称为"1"和"3"的作用点进行判断,它们是Navigate的类型,只需设置链接属性
            case "2":
                Label1.Text = "你单击了Serve Side。";
                break;
            case "4":
                Label1.Text = "你单击了XML。";
                break;
```

```
            case "5":
                Label1.Text = "你单击了 Web Service。";
                break;
            case "6":
                Label1.Text = "你单击了 Web Building。";
                break;
            //单击的区域不在定义的各个作用点范围之内
            default:
                Label1.Text = "你未单击有效区域。";
                break;
        }
}
```

(4)运行程序，单击图片中的不同文字位置浏览器会有不同的响应，例如单击"Server Side"区域时会在标签控件中显示"你单击了 Server Side"信息，单击"JavaScript"区域时会弹出新窗口显示指定网页。运行效果如图 5-17 所示。

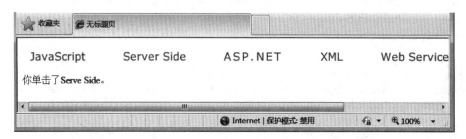

图 5-17　ImageMap 运行效果

5.2.8　DropDownList 和 ListBox 控件

DropDownList(下拉列表框)控件和 ListBox(列表框)控件都是用来向用户提供选项选择功能的，不同的是，DropDownList 控件只能选择一项，而 ListBox 控件具有提供多项选择的功能。其中的选项可以使用 ItemList 集合编辑器进行设置，也可以通过代码动态地对选项集进行修改。它们共同具有的一些属性见表 5-8 所列。

表 5-8　列表框控件的主要属性

属　性	说　明
Items	控件提供的选项的集合，选项用 ListItem 表示，对于每个选项，又具有 Text 属性(显示的文本)、Values 属性(关联的值)和 Selected 属性(是否被选中)
AutoPostBack	设置当用户更改选项时，控件是否向服务器回发
Rows	设置要显示的可见选项的数量(ListBox 属性)
SelectionMode	设置选项的选择方式。Single 为单选，Multiple 为多选，多选时需按着 Ctrl 键(ListBox 属性)

两个控件共同具有的方法为 SelectedIndexChanged，当控件的 AutoPostBack 属性设置为 True 时，用户更改选项就会触发该事件。

下面的示例利用 DropDownList 和 ListBox 控件获取出生日期和兴趣爱好的信息。

(1)新建一个 Web 窗体，窗体中添加 1 个 TextBox 控件、3 个 DropDownList 控件、1

个 ListBox 控件、1 个 Button 控件和 2 个 Label 控件，分别设置好每个控件的 ID 属性，设置 Button 控件的 Text 属性为"确定"。界面设计如图 5-18 所示。

图 5-18　界面设计

（2）设置 ListBox 控件的 SelectionMode 属性为"Multiple"，用 ItemList 集合编辑器设置选项，如图 5-19 所示。

图 5-19　ListItem 集合编辑器

（3）切换到代码编辑视图，在 Page_Load 中需要通过 Page.IsPostBack 属性判断是否为页面的首次加载，如果是首次加载则对年月日控件进行初始化。其代码如下：

```
protected void Page_Load(object sender, EventArgs e)
{
    //页面首次加载时设置 DropDownList 控件的选项
    if (! Page.IsPostBack)
    {
        ListItem it = null;
        //绑定年
        for (int i = 1950; i < 2013; i++)
        {
            it = new ListItem();
            it.Text = i.ToString();
            year.Items.Add(it);
        }
        //绑定月
        for (int i = 1; i < 13; i++)
```

```
            {
                it = new ListItem();
                it.Text = i.ToString();
                month.Items.Add(it);
            }
            //绑定日
            for (int i = 1; i < 32; i++)
            {
                it = new ListItem();
                it.Text = i.ToString();
                day.Items.Add(it);
            }
        }
    }
```

（4）建立"确定"按钮的单击事件处理程序，其代码如下：

```
    protected void Button1_Click(object sender, EventArgs e)
    {
         birth.Text = "你的出生日期是:" + year.SelectedItem.Value + "年" + month.SelectedItem.Value + "月" + day.SelectedItem.Value + "日";
         string getRst = "你的兴趣爱好是:";
         //用 foeach 循环遍历 ListBox 控件中的选项 ListItem,选项被用户选择时,它的 Selected 属性为 True
         foreach (ListItem it in interest.Items)
         {
             if (it.Selected == true)
             {
                 getRst += it.Text + " ";
             }
         }
         Rst.Text = getRst;
    }
```

（5）运行程序，选择出生的年月日和爱好，单击确定按钮，程序将从控件中取出相关信息，并显示到相应的标签控件中。运行效果如图 5-20 所示。

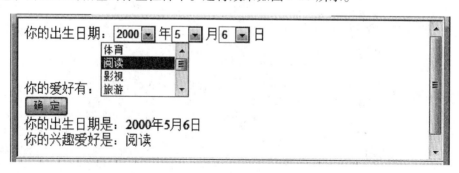

图 5-20　列表框控件运行效果

5.2.9 CheckBox 和 CheckBoxList 控件

与 ListBox 控件类似，CheckBox（复选框）控件和 CheckBoxList（复选框组）控件是可向用户提供多选功能的控件，被选中的选项前会用一个"√"标记。不同的是，一个 CheckBox 控件只能表示一个选项，更适于某种状态开关的控制，如需对同一个问题设置多个选项供用户选择，就必须放置多个 CheckBox 控件，此时，需要对每个控件的 Checked 属性进行检查以判别用户选择了哪些选项。相比较于 CheckBox 控件，CheckBoxList 控件更适用于提供多选功能。和 ListBox 控件一样，选项在 CheckBoxList 控件里都是以 ListItem 的形式展示的，对用户选择的判断，也可以通过 foreach（ListItem it in 控件 ID.Items）循环语句进行判断。图 5-21 所示为 CheckBox 控件的展示效果，每一个选项都有一个唯一的 ID 编程名称。

图 5-21 CheckBox 控件

图 5-22 所示为 CheckBoxList 控件的展示效果，一个控件有多个选项，且控件的 RepeatDirection 属性设置为 Vertical 垂直排列。

图 5-22 CheckBoxList 控件

下面的示例代码展示了 CheckBoxList 控件的应用，控件的 ID 属性为"chkColor"，程序将控件所选中选项的文本值输出：

```
foreach (ListItem li in chkColor.Items)    //遍历 CheckBoxList 的所有选项
{
    if (li.Selected) //判断某一项是否被选中
    {
        Response.Write(li.Text);   //输出该项的文本
    }
}
```

5.2.10　RadioButton 和 RadioButtonList 控件

RaidoButton(单选按钮)控件和 RadioButtonList(单选按钮组)控件与复选控件的主要属性和使用方法基本一样，不同之处在于单选控件限定了用户只能选择其中一项(如对性别的选择，就要限定只能从"男""女"中选择一项)。此外，如果用一组 RaidoButton 控件实现单选功能，那么必须对这些控件的 GroupName 属性设置为相同的值。类似的，如果在同一页面内创建多个单选按钮组，则需要利用 GroupName 属性把它们分配在不同组内。

RadioButtonList 控件和 CheckBoxList 控件都具有 SelectedIndexChanged 事件以响应用户选项改变时控件发出的请求。对于 RaidoButton 控件和 CheckBox 控件，则是通过 CheckedChanged 事件来处理的。

下面的示例使用 RadioButtonList 控件提供用户对控件字体颜色的选择功能。设计步骤如下：

(1)新建一个 Web 窗体，向页面中添加一个 RadioButtonList 控件，设置它的 AutoPostBack 属性为"True"，RepeatDirection 属性为"Horizontal"，用 ItemList 集合编辑器设置颜色选项，界面设计如图 5-23 所示。

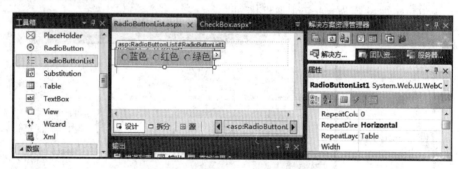

图 5-23　RadioButtonList 界面设计

(2)在控件属性页中为控件添加 SelectedIndexChanged 事件处理程序，如图 5-24 所示。

图 5-24　添加 SelectedIndexChanged 事件处理

（3）编写 SelectedIndexChanged 事件处理程序代码。运行程序，选择不同的颜色选项后，控件的文字颜色也随之变化。程序代码如下：

```
protected void RadioButtonList1_SelectedIndexChanged(object sender, EventArgs e)
    {
//当用户选项发生改变时,根据选项的 Text 属性的不同值设置 RadioButtonList 控件的前景色
switch (RadioButtonList1.SelectedItem.Text)
        {
            case "蓝色":
                RadioButtonList1.ForeColor = System.Drawing.Color.Blue;
                break;
            case "红色":
                RadioButtonList1.ForeColor = System.Drawing.Color.Red;
                break;
            case "绿色":
                RadioButtonList1.ForeColor = System.Drawing.Color.Green;
                break;
        }
    }
```

5.2.11　FileUpload 控件

有些时候，需要用户从本地计算机上传文件到 Web 服务器，FileUpload 控件正是提供这种功能的控件。从外观上看，FileUpload 控件由一个文本框控件和一个 Text 属性为"浏览"的按钮控件组成，用户可以直接在文本框内输入要上传的文件在本地磁盘上的完整路径，也可以单击"浏览"按钮，在弹出的"文件选择"对话框中选定要上传的文件。默认情况下，FileUpload 控件一次只支持上传一个不大于 4M 的文件，如果要对上传文件的大小进行限定，可以对 Web.config 文件进行修改。FileUpload 控件的主要属性见表 5-9 所列。

表 5-9　FileUpload 控件的主要属性

属　　性	说　　明
HasFile	获取一个 bool 类型的值，该值指示 FileUpload 控件是否包含文件
FileName	获取客户端上使用 FileUpload 控件上传的文件名称
FileBytes	获取上传文件的一个字节数组
FileContent	获取一个 Stream 对象，它指向要使用 FileUpload 控件上传的文件
PostedFile	获取使用 FileUpload 控件上传的文件的基础 HttpPostedFile 对象

FileUpload 控件的主要方法是 SaveAs，功能是将上传文件的内容保存到 Web 服务器上的指定路径。

需要注意的是，不能预先将文件加载到 FileUpload 控件中，而只能通过用户进行选择。因此，以上几个属性的值都只能读取，而不能进行设置。此外，在使用 FileName、FileBytes、FileContent 属性之前，应该使用 HasFile 属性来验证 FileUpload 控件确实包含要上载的文件，否则会带来程序异常。对于上传文件的大小、类型、内容等基本信息，可以通过 FileBytes、FileContent 和 PostFile 属性获取。

下面的示例使用 FileUpload 控件上传图片，并用 Image 控件显示它，用 Label 控件显示图片的一些基本信息。

（1）新建一个 Web 窗体，向页面中分别添加一个 FileUpload 控件、Button 控件、Image 控件和 Label 控件，将 Image 控件和 Label 控件的 Visible 属性设为"False"，界面设计如图 5-25 所示。

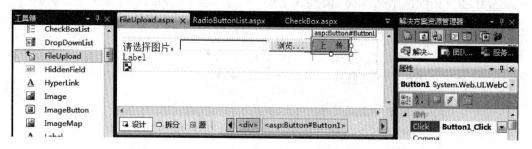

图 5-25　上传文件界面设计

（2）双击"上传"按钮，编写按钮的 Click 事件处理代码如下：

```
protected void Button1_Click(object sender, EventArgs e)
    {
        try
        {
            if (FileUpload1.HasFile = = true)
            {
                //获取上传文件的类型
                string FileType = FileUpload1.PostedFile.ContentType;
                //判断上传文件的类型
                if (FileType ! = "image/bmp" && FileType ! = "image/gif" && File-
                Type ! = "image/pjpeg")
                {
                    ImageInfo.Text = "请浏览 bmp、gif 或者 jpeg 格式的图片进行上传!";
                }
                //判断上传文件的大小
                else if (FileUpload1.FileBytes.Length > 4096000)
                {
                    ImageInfo.Text = "上传的图片不能超过 4M!";
                }else{    //符合条件,使用 Save 方法上传到服务器
                    string FileName = FileUpload1.FileName;    //图片名称
                    //图片大小
                    string FileSize = FileUpload1.FileContent.Length.ToString();
                    //上传图片
                        string FilePath = HttpContext.Current.Request.MapPath
                        ("pic/") + FileName;
                    this.FileUpload1.SaveAs(FilePath);
                    //设置图片信息
```

```
                    ImageInfo.Text = "已上传图片" + FileUpload1.FileName;
                    ImageInfo.Text += ",大小为:" + FileSize;
                    //显示图片
                    Image1.ImageUrl = "pic/" + FileName;
                    Image1.Width = 400;
                    Image1.Height = 300;
                    Image1.Visible = true;
                }
            }
            else
            {
                ImageInfo.Text = "你没有选择一个图片!";
            }
        }
        catch (Exception ex)
        {
            ImageInfo.Text = "上传失败,原因为:" + ex.ToString();
        }
        finally
        {
            ImageInfo.Visible = true;
        }
```

(3) 运行程序,通过"浏览"按钮选择一幅图片,单击"上传"按钮,图片将上传并保存到服务器的 pic 文件夹下,同时将上传文件的名称和大小显示到 Label 控件中,将图片显示到 Image 控件中。运行效果如图 5-26 所示。

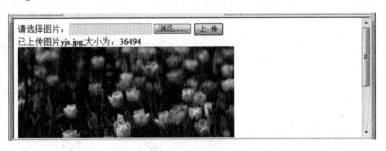

图 5-26 上传图片运行效果

5.2.12 Panel 控件

Panel 面板控件属于容器控件,它的作用是控制一些控件的整体输入和输出,这就像是控件的容器,可以在里边放置其他控件,使用时直接拖动控件到 Panel 控件中即可,还可以通过后台程序统一管理和编程处理。Panel 控件的主要属性见表 5-10 所列。

表 5-10 Panel 控件的主要属性

属 性	说 明
DefaultButton	面板的默认按钮
Direction	面板中文本的方向

(续)

属　性	说　明
GroupingText	群组显示的文本
HorizontalAlign	设置面板内的水平对齐（IE 专用）
ScrollBars	滚动条设置（IE 专用）

添加一个名为 Panel 的 Web 窗体，放入一个 Button 按钮控件和一个 Panel 控件，并在 Panel 控件中输入"用户名"的文字，并拖入一个 TextBox 控件。界面设计如图 5-27 所示。

图 5-27　Panel 控件界面设计

双击按钮控件建立该按钮的单击事件处理程序，程序中将 Panel 控件的 Visible 属性置反，控制其显示或隐藏，然后根据 Panel 控件的 Visible 属性设置按钮的显示文本，若为显示状态，按钮文本设置为"Hide"，否则为"Show"。程序代码如下：

```
protected void Button1_Click(object sender, EventArgs e)
{
    Panel1.Visible = ! Panel1.Visible;
    if (Panel1.Visible == true)
        Button1.Text = "Hide";
    else
        Button1.Text = "Show";
}
```

运行效果如图 5-28 所示。当 Panel 控件中有多个 Button 控件时，可以将 Panel 控件的 DefaultButton 属性设置为面板中某个按钮的 ID 值，当用户在面板中输入完毕后，直接按回车键来提交表单。若设置了 Panel 控件的高度和宽度，当控件中的内容超高或超宽时 Panel 控件还能自动出现滚动条。

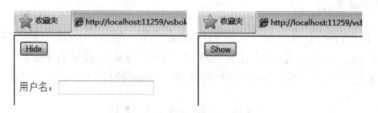

图 5-28　Panel 控件运行效果

5.2.13　PlaceHolder 控件

PlaceHolder 占位控件也是容器控件，它的功能与 Panel 控件相似，都可以作为控件群的容器来使用，但不能直接将其他控件拖动到 PlaceHolder 控件中，主要是通过后台编程处理来实现所要求的效果，当需要程序动态添加新控件时就必须用到 PlaceHolder 控件。

下面的代码实现了当页面加载时动态生成控件的功能：

```
protected void Page_Load(object sender, EventArgs e)
{
    Label lbTip = new Label();
    lbTip.Text = "请输入账户名称:";
    TextBox tbUserID = new TextBox();
    PlaceHolder1.Controls.Add(lbTip);
    PlaceHolder1.Controls.Add(tbUserID);
}
```

运行效果如图 5-29 所示。

图 5-29　PlaceHolder 运行效果

5.2.14　MultiView 和 View 控件

MultiView 和 View 控件属于向导类控件，它们的搭配可制作出选项卡效果，这两个控件提供了一种可方便显示信息的替换视图方式。MultiView 控件是一组 View 控件的容器，每个 View 控件都能包含子控件。View 控件不能单独使用，必须放在 MultiView 控件内部，且每次只能显示一个 View 控件中的内容，可以通过 MultiView 的 ActiveViewIndex 属性或 SetActiveView 方法设置活动视图。如果 ActiveViewIndex 属性为空或 −1，则不向客户端显示任何内容。

下面是 MultiView 控件的一个示例，操作步骤如下：

（1）添加一个新的 Web 窗体，拖入一个 MultiView 控件，再在 MultiView 控件中拖入 3 个 View 控件，在各 View 控件中输入相应的文本以标识视图，拖入相应的按钮。界面设计如图 5-30 所示。

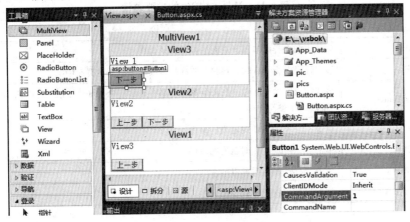

图 5-30　MultiView 设计界面

（2）设置 MultiView 的 ActiveViewIndex 属性为 0，即显示第一个 View 为活动状态。为所有的按钮设置 Command 事件处理程序，函数名为 ViewNav，"下一步"按钮的 CommandArgument 属性设置为 1，"上一步"按钮的 CommandArgument 属性设置为 –1。

（3）4 个按钮的 Command 事件处理均会触发 ViewNav 事件处理程序，该程序根据触发按钮的 CommandArgument 属性值来判断是切换到下一个视图还是切换到上一个视图。代码如下：

```
protected void ViewNav(object sender, CommandEventArgs e)
{
    if (e.CommandArgument.ToString() == "1")
        MultiView1.ActiveViewIndex += 1;
    else
        MultiView1.ActiveViewIndex -= 1;
}
```

（4）运行程序，可通过按钮在 3 个视图间进行切换。运行效果如图 5-31 所示。

图 5-31　MultiView 运行效果

5.2.15　Wizard 控件

Wizard 控件也属于向导类控件，它又称为向导控件，主要用于获取用户信息、配置系统等。例如，用户注册需要若干步骤完成，当填完某一步的表单后单击"下一步"按钮，继续填写后继内容，也可以单击"上一步"按钮进行返回操作，而使用 Wizard 控件很容易实现这样的功能。

Wizard 控件和 MultiView 控件类似，但更方便于控制，它能够根据步骤自动更换选项，自动配置是否显示"上一步"或"下一步"按钮，当向导执行完毕时会显示"完成"按钮，可简化开发人员的向导开发过程。Wizard 控件的主要属性见表 5-11 所列。

表 5-11　Wizard 控件的主要属性

属　性	说　明
ActiveStepIndex	显示当前向导的步骤，页面加载时默认为 0
DisplaySideBar	该属性设置为 true 时，将整个流程的步骤全部显示在页面中
DisplayCancelButton	该属性设置为 true 时，在每个页面中都将显示一个 cancel 按钮，可以在 CancelButtonClick( ) 中编写代码
PreviousButtonClick	单击"上一步"按钮时触发的事件
NextButtonClick	单击"下一步"按钮时触发的事件
FinishButtonClick	单击"完成"按钮时触发的事件
CancelButtonClick	单击"取消"按钮时触发的事件

Wizard 控件由四部分组成,如图 5-32 所示。具体说明如下:

① 侧栏(SideBar) 包含所有向导步骤的列表,这些列表内容来自 WizardSteps 的属性 Title 的值。对应的模板属性是 SideBarTemplate。

② 标题(Header) 每个向导步骤提供一致的标题信息,对应的模板为 HeaderTemplate。

图 5-32 Wizard 控件结构

③ 向导步骤集合(WizardSteps) Wizard 控件的核心,为向导的每一个步骤定义内容。

④ 导航按钮(NavigationButton) 呈现形式与每一个 WizardStep 的属性 StepType 有关。

下面是一个利用 Wizard 控件实现填写收货信息的示例,操作步骤如下:

(1) 在项目中添加一个 Web 窗体,拖放一个 Wizard 控件,控件默认有两个步骤 Step1 和 Step2,单击控件右上角的按钮,在弹出的 Wizard 任务菜单中选择"添加/移除 WizardSteps…"菜单项,在 WizardStep 集合编辑器中添加一个新的步骤,并分别设置各步骤的 Title 属性为"收货地址"、"发票抬头"和"支付方式"。界面设计如图 5-33 所示。

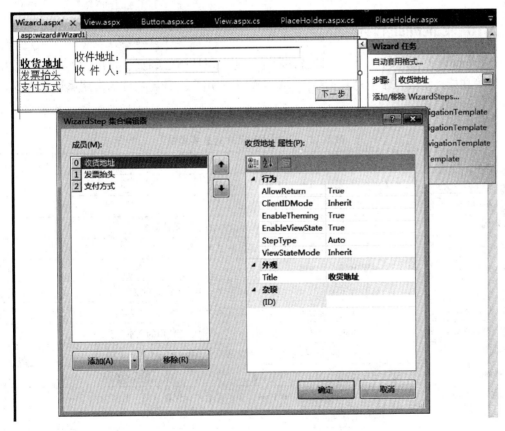

图 5-33 Wizard 界面设计

(2) 通过菜单中的"步骤"下拉列表框切换步骤,在"收货地址"步骤中添加文字和文本框控件,在"发票抬头"步骤中添加文字和控件,在"支付方式"步骤中添加两个 RadioButton 控件,分别显示文本"货到付款"和"在线支付"。

(3) 程序运行效果如图 5-34 所示,单击相关按钮可切换到各个步骤。

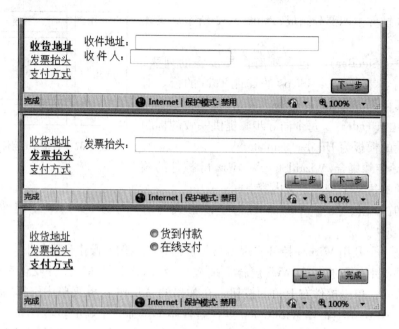

图 5-34 Wizard 运行效果

5.2.16 Calendar 控件

Calendar 控件可以显示一个日历，同时还能实现日历的翻页、日历的选取以及数据绑定等功能。该控件常应用在博客、OA 等 Web 应用中。日历控件的常用属性见表 5-12 所列。

表 5-12 Calendar 控件的主要属性

属 性	说 明
Caption	显示在日历上方的文本
CaptionAlign	指定标题的垂直和水平对齐方式
CellPadding	边框和单元格之间的间距（以像素为单位）。默认为 2
CellSpacing	单元格间以像素为单位的间距。默认为 0
DayNameFormat	一周中每一天的格式。默认为 Short
FirstDayOfWeek	在第一列显示的一周的某一天，默认值由系统设置指定
NextMonthText	下一月份的导航按钮的文本。默认为大于号（>）
NextPrevFormat	在 NextMont-hText 和 PrevMonth-Text 中指定使用的文本
PrevMonthText	上一月份的导航按钮的文本。默认为小于号（<）
SelectedDate	一个选定的日期。只保留日期，时间为空
SelectedDates	选择多个日期后的 DateTime 对象的集合。只保存日期，时间为空
SelectedDates.Count	选择了日期的数量
SelectionMode	选择一天、一周或一个月，CalendarSelectionMode 枚举成员有： Day——允许用户选择单个日期，这是默认值； DayWeek——允许用户选择单个日期或整周； DayWeekMonth——允许用户选择单个日期、周或整个月； None——未能选择日期
SelectMonthText	月份选择元素显示的文本。默认为两个大于号（>>）

(续)

属 性	说 明
ShowDayHeader	是否在日历标题中显示一周中每一天的名称。默认为 true
ShowGridLines	如果为 true,显示单元格之间的网格线。默认为 false
ShowNextPrevMonth	指定是否显示上个月和下个月导航元素。默认为 true
ShowTitle	指定是否显示标题(上个月和下个月导航元素)
TitleFormat	指定标题是显示为月份,还是同时显示月份和年份。默认为 MonthYear
TodaysDate	获取或设置今天的日期的值(System.DateTime 类型)
UseAccessibleHeader	指示是否使用可通过辅助技术访问的标题
VisibleDate	显示月份的任意日期

Calendar 控件中的日期使用 CalendarDay 对象来存取,CalendarDay 的主要属性见表 5-13 所列。通过使用 CalendarDay,可以获取 Calendar 控件上呈现的日期的属性,例如日期是可选的还是选定的,是今天的日期还是周末日期。还可以通过编程控制特定日的外观或行为。

表 5-13 CalendarDay 的主要属性

属 性	说 明
Date	由 Day 表示的日期。只读
DayNumberText	该日期的日编号的等效字符串。只读
IsOtherMonth	指示该日期是否显示当前月份以外的月份。只读
IsSelectable	指示该日期是否可以被选择。非只读
IsSelected	指示该日期是否被选择
IsToday	指示该日期是否是今天
IsWeekend	指示该日期是否是周末

Calendar 控件提供了 3 个事件:SelectionChanged、DayRender 和 VisibleMonth-Changed。

(1) SelectionChanged 事件

该事件在用户选择一天、一周或整月时发生,事件处理程序传递一个 EventArgs 类型参数。下面的代码实现在各 Label 控件中显示当天的日期、选择的日期和选择的天数:

```
protected void Calendar1_SelectionChanged(object sender, EventArgs e)
{
    lblTodaysDate.Text = "今天是:" + Calendar1.TodaysDate.ToShortDateString();
    if (Calendar1.SelectedDate ! = DateTime.MinValue)
        lblSelected.Text = "选择的日期是:" + Calendar1.SelectedDate.ToShortDate-
        String();
    lblCount.Text = "选择的天数是:" + Calendar1.SelectedDates.Count.ToString();
}
```

如果没有选择一个日期 SelectedDate 属性,则默认为 DateTime.MinValue,检测当前选择日期 Calendar1.SelectedDate 是否等于 DateTime.MinValue 来检查是否选择了一个日期，MaxValue 字段的值为 11:59:59 PM，12/31/9999 CE。

SelectedDates 集合中的日期是按升序排列的。SelectedDate 属性自动更新为包含 SelectedDates 集合的第一个对象。尽管 SelectedDates（选定日期的集合）和 SelectedDate（单个选定的日期）都包含 DateTime 对象，但只存储 Date 值，时间值被设置 null（在 C#语言中）。

使用 Calendar 控件的 VisibleDate 属性可以设置显示的月份，VisibleDate 属性是 DateTime 类型，需要 3 个整型参数：year、month 和 day。如下面的代码：

```
Calendar1.VisibleDate = new DateTime(Calendar1.VisibleDate.Year,
            Int32.Parse(ddl.SelectedItem.Value),1);
```

使用 SelectedDates 集合以编程方式选择 Calendar 控件上的日期。使用 Add、Remove、Clear 和 SelectRange 方法在 SelectedDates 集合中选定日期。SelectRange 方法将指定的日期范围添加到 SelectedDatesCollection 集合中，需要两个参数：开始日期和结束日期。

```
Calendar1.SelectedDates.Add(date);
Calendar1.SelectedDates.SelectRange(StartDate,EndDate);
```

（2）DayRender 事件

该事件在 Calendar 控件在控件层次结构中创建每一天时发生，事件处理程序接收两个 DayRenderEventArgs 类型的参数，该对象有如下两个属性，可以用编程方式读取：

① Cell　表示要呈现的单元格的表格单元格对象。

② Day　表示呈现在单元格中相应日期的 CalendarDay 对象。

下面的程序实现将当月周末的日期显示为亮绿色背景，1 月 1 日单元格中添加显示"元旦"字符串：

```
protected void Calendar1_DayRender(object sender, DayRenderEventArgs e)
{
    //这将会覆盖 WeekendDayStyle
    if (!e.Day.IsOtherMonth && e.Day.IsWeekend)
        e.Cell.BackColor = System.Drawing.Color.LightGreen;
    // 在单元格中显示"元旦"
    if (e.Day.Date.Month == 1 && e.Day.Date.Day == 1)
        e.Cell.Controls.Add(new LiteralControl("<br/>元旦"));
}
```

（3）VisibleMonthChanged 事件

该事件在用户单击标题标头上的下一月或上一月导航控件时发生，参数 MonthChangedEventArgs 有两个属性，属性 NewDate 表示 Calendar 当前显示的月份，属性 PreviousDate 表示 Calendar 以前显示的月份。

下面的代码判断用户单击的是上一月还是下一月，并在 ID 为 lblMonthChanged 的标签控件中显示相应的文字：

```
protected void Calendar1_VisibleMonthChanged (object sender, MonthChangedEven-
tArgs e)
{
    if ((e.NewDate.Year > e.PreviousDate.Year) ||
        ((e.NewDate.Year == e.PreviousDate.Year) &&
        (e.NewDate.Month > e.PreviousDate.Month)))
        lblMonthChanged.Text = "选了下一月";
    else
        lblMonthChanged.Text = "选了上一月";
}
```

5.2.17 AdRotator 控件

AdRotator 控件用于广告显示，可通过设置其图片链接，跳转到用户所指定的页面达到宣传的效果。AdRotator 控件在每次打开页面或重新加载的时候在页面放置一个新的广告，显示的广告取决于广告的设置文件。

AdRotator 控件使用单独的 XML 文件来存储广告的设置，该文件可在 AdRotator 控件中通过 AdvertisementFile 属性来指定，XML 文件使用的语法格式如下：

```
<Advertisements>
<Ad>
<ImageUrl>要显示的图形文件路径</ImageUrl>
<NavigateUrl>使用者选取时所要开启的链接</NavigateUrl>
<AlternateText>提示文字</AlternateText>
<Keyword>广告分类</Keyword>
<Impressions>权值</Impressions>
</Ad>
    //可添加其他广告
</Advertisements>
```

Impression 指示在时间表中该广告相对于文件中的其他广告的权重，数字越大，显示该广告的频率越高，XML 文件中的所有的 Impression 值的总和不能超过 2047999999。

5.3 导航控件

通常在 Web 开发中，都会需要提供一些页面的导航功能，方便用户浏览网站的同时，知道当前身处该网站的哪一级中，方便快捷地查阅到相关信息，使用户获得更好的使用体验。通过使用 ASP.NET 的 Menu、SiteMapPath 和 TreeView 导航控件就可以简单实现功能丰富的单点导航。

5.3.1 Menu 控件

Menu 控件是 ASP.NET 提供的一个非常方便的导航菜单，它由不同层次的结点组成，每一个结点是一个 MenuItem 对象。Menu 控件常用属性见表 5-14 所列。

表 5-14 Menu 控件常用属性

属　性	说　明
DynamicMenuItemStyle	对 MenuItemStyle 对象的引用，可设置动态菜单中菜单项外观
DynamicMenuStyle	对 MenuItemStyle 对象的引用，可设置动态菜单的外观
Items	获取 MenuItemCollection 对象，该对象包含 Menu 控件中的所有菜单项
MaximumDynamicDisplayLevels	获取或设置动态菜单的菜单呈现级别数
Orientation	获取或设置 Menu 控件的呈现方向
StaticDisplayLevels	获取或设置静态菜单的菜单显示级别数
SelectedItem	获取选定的菜单项
SelectedValue	获取选定菜单项的值
Target	获取或设置用来显示菜单项关联网页内容的目标窗口或框架

该控件有静态模式和动态模式两种显示模式，静态模式的菜单项始终是完全展开的，在这种模式下，设置 StaticDisplayLevels 属性指定显示菜单的级别，如果菜单的级别超过了 StaticDisplayLevels 属性指定的值，则把超过的级别自动设置为动态模式显示，仅当用户将鼠标指针置于包含动态子菜单的父菜单项上时，才会显示动态菜单，持续一定的时间之后，动态菜单自动消失，持续时间通过 DisappearAfter 属性指定。动态模式需要响应用户的鼠标事件，然后才在父结点上显示子菜单项，MaximumDynamicDisplay-Levels 属性指定动态菜单的显示级别，如果菜单的级别超过了该属性指定的值，则不显示超过的级别。

Menu 控件最简单的用法是在设计视图中使用 Items 属性添加 MenuItem 对象的集合。MenuItem 对象有一个 NavigateUrl 属性，如果设置了该属性，单击菜单项后将导航到指定的页面，可以使用 Menu 控件的 Target 属性指定打开页的位置，MenuItem 对象也有一个 Target 属性，可以单独指定打开页面的位置。如果没有设置 NavigateUrl 属性，则把页面提交到服务器进行处理。

下面是一个 Menu 控件的示例，操作步骤如下：

（1）添加一个新的 Web 窗体，放置一个 Menu 控件，切换到"设计"视图，右击"Menu"控件，单击"属性"，然后将"Orientation"设置为"Horizontal"水平显示。如图 5-35 所示。

图 5-35 Menu 控件显示方向为水平

每个菜单项都具有 Text 属性和 Value 属性。Text 属性的值显示在 Menu 控件中，而 Value 属性则用于存储菜单项的任何其他数据（如传递给与菜单项关联的回发事件的数据）。在单击时，菜单项可导航到 NavigateUrl 属性指示的另一个网页。如果菜单项未设置 NavigateUrl 属性，则单击该菜单项时，Menu 控件只是将页提交给服务器进行处理。

（2）右击"Menu"控件，然后单击"编辑菜单项"，将出现"菜单项编辑器"。在"项"

下的工具栏中，单击"添加根项"图标。在新项的"属性"下，将"Text"属性设置为"主页"，并将"NavigateUrl"属性设置为"Home.aspx"，如图 5-36 所示。

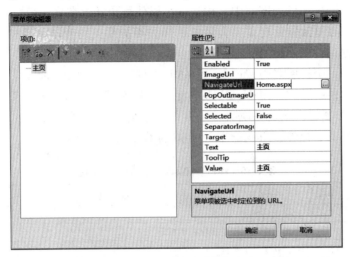

图 5-36　通过菜单项编辑器添加菜单项

（3）继续添加根菜单项"产品"和"服务"，并将 NavigateUrl 属性分别设置为"Products.aspx"和"Services.aspx"。单击"产品"菜单项后，单击"添加子项"工具，加入子菜单项，设置 Text 为"花卉"，将 NavigateUrl 属性设置为"Flowers.aspx"，同理添入"水果"子菜单项，将 NavigateUrl 属性设置为"Fruit.aspx"，同时建立相应的子菜单项的 Web 窗体。如图 5-37 所示。

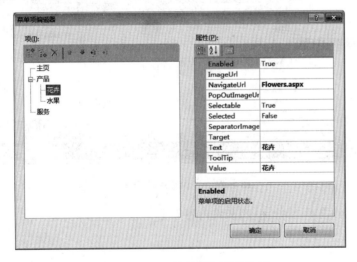

图 5-37　Menu 控件添加子菜单项

（4）运行程序，运行效果如图 5-38 所示。

图 5-38　Menu 控件运行效果

5.3.2 站点地图

在含有大量网页的任何网站中，构造一个可使用户随意在页间切换的导航系统是有难度的，特别是在更改网站时需要大量的工作去维护相关的变动。通过 ASP.NET 网站导航功能可以创建各页面的网站地图。

网站地图是一个扩展名为 sitemap 的 XML 文件，反映了网站的结构，称该文件为网站地图文件，文件中通过 <siteMapNode> 元素属性实现网页标题和 URL 的定义。文件中第一行是 XML 格式声明，并说明编码规则，根结点是一对 <sitemap> 标签，在标签内是 <siteMapNode> 标签，siteMapNode 结点的属性见表 5-15 所列。

表 5-15 siteMapNode 结点的主要属性

属 性	说 明
URL	超链接的地址
Title	在地图中显示该链接文件的标题
Description	对链接文件的描述
securityTrimmingEnabled	是否启用 sitemap 安全特性
Roles	哪些角色可以访问当前结点，多角色用逗号隔开
siteMapFile	引用另一个 siteMap 文件

在项目中添加新项，项目类型选择"站点地图"，如图 5-39 所示，文件名默认为"Web.sitemap"，此文件建议使用默认名称，以便 SiteMapDataSource 控件自动匹配。

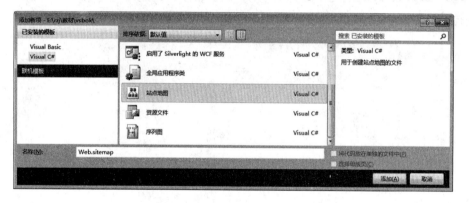

图 5-39 添加站点地图文件

站点地图文件 Web.sitemap 的文件内容如下：

```
<?xml version = "1.0" encoding = "utf-8" ?>
<siteMap xmlns = "http://schemas.microsoft.com/AspNet/SiteMap-File-1.0" >
    <siteMapNode url = " ~/Home.aspx" title ="首页"  description = "" >
        <siteMapNode url = " ~/Products.aspx" title ="产品"  description = "" >
            <siteMapNode url = " ~/Flowers.aspx" title ="花卉"  description = "" />
            <siteMapNode url = " ~/Fruit.aspx" title ="水果"  description = "" />
        </siteMapNode>
        <siteMapNode url = " ~/Services.aspx" title ="服务"  description = "" />
    </siteMapNode>
</siteMap>
```

5.3.3 SiteMapPath 控件

SiteMapPath 控件是一种站点导航控件，它可以自动绑定网站地图，不需要数据源控件，使用时只需要将控件添加到页面中即可。它通过显示超链接页名称的分层路径，提供了从当前位置沿页层次结构向上的跳转。SiteMapPath 对于分层页结构较深的站点很有用，与 TreeView 或 Menu 控件相比，所需的网页的空间更少。

在项目中的 Flowers.aspx 窗体中添加一个 SiteMapPath 控件，因为该窗体文件在前一节中的 Web.sitemap 文件中已经定义，所有拖入的控件将直接显示相应的信息，如图 5-40 所示。

图 5-40 SiteMapPath 控件

如果 SiteMapPath 控件放置的 Web 窗体文件没有在站点地图中定义，则该控件不会显示。运行时，单击"产品"或"首页"连接，即可跳转到相应的页面。

有时 Web 开发需要获取当前 SiteMapPath 中的数据，动态地显示将要展示的页面内容，可以通过 SiteMap 和 SiteMapNode 类访问站点地图数据。在拥有 SiteMapPath 控件的页面，通过 SiteMap.CurrentNode.Title 可获得当前页面的结点标题。

5.3.4 TreeView 控件

TreeView 和 ListView 控件有很多相似的地方，它们都为用户提供便捷的文本导航功能。不同的是 TreeView 控件以树视图方式展示给用户，而 ListView 控件以列表形式展现给用户。TreeView 控件常用的属性、事件与方法见表 5-16 和表 5-17 所列。

表 5-16 TreeView 控件的常用属性

属 性	说 明
CollapseImageUrl	获取或设置自定义图像的 URL，该图像用作可折叠结点的指示符
ExpandDepth	TreeView 控件展开的深度
ExpandImageUrl	获取或设置自定义图像的 URL，该图像用作可展开结点的指示符
NoExpandImageUrl	获取或设置自定义图像的 URL，该图像用作不可展开结点的指示符
Nodes	TreeView 中的根结点具体内容集合
SelectedNode	当前被选择的结点
ShowCheckBoxes	是否显示复选框
ShowLines	是否显示父子结点之间的连接线，默认为 True
StateImageList	树型视图用以表示自定义状态的 ImageList 控件
Scrollable	是否出现滚动条

可以通过设置 TreeView 类的 ExpandImageUrl、CollapseImageUrl 和 NoExpandImageUrl 属性，指定可展开、可折叠和不可展开的结点的自定义图像。通过将 TreeView 类的 ShowExpandCollapse 属性设置为 false，可以完全隐藏展开结点的指示图标。若要在结点旁显示复选框，可设置 TreeView 类的 ShowCheckBoxes 属性。如果 ShowCheckBoxes 属性设置为 TreeNodeType.Node 以外的一个值，将在指定的结点类型旁显示复选框。

TreeView 控件中的结点文本可以处于两种模式之一：选择模式或导航模式。默认情况下，会有一个结点处于选定状态。若要使一个结点处于导航模式，可将该结点的 NavigateUrl 属性值设置为空字符串（""）以外的值。若要使结点处于选择模式，可将结点的 NavigateUrl 属性设置为空字符串。

表 5-17 TreeView 控件的常用事件与方法

事件与方法	说明
AfterCheck	选中或取消属性结点时发生
AfterCollapse	在折叠结点后发生
AfterExpand	在展开结点后发生
AfterSelect	更改选定内容后发生
BeforeCheck	选中或取消树结点复选框时发生
BeforeCollapse	在折叠结点前发生
BeforeExpand	在展开结点前发生
BeforeSelect	更改选定内容前发生
CheckChanged	复选框被选择或取消选择时触发
SelectedNodeChanged	选择的结点发生改变时触发
TreeNodeCollapsed	分支被折叠时触发
TreeNodeExpanded	分支被展开时触发
TreeNodeDataBound	结点被绑定到数据源时触发
TreeNodePopulate	填充 TreeNode 时触发

TreeView 控件由结点组成。树中的每个项都被称为一个结点，由 TreeNode 对象表示。包含其他结点的结点称为"父结点"，包含在其他结点中的称为"子结点"，没有任何子结点的称为"叶结点"，不被任何其他结点包含并且是所有其他结点的上级结点的称为"根结点"。一个结点可以同时是父结点和子结点，但是不能同时为根结点、父结点和叶结点。结点为根结点、父结点还是叶结点决定着结点的几种可视化属性和行为属性。

结点主要在两个属性中存储数据：Text 属性和 Value 属性。在 TreeView 控件中显示 Text 属性的值，而 Value 属性用于存储有关结点的所有其他数据，如用于处理回发事件的数据。结点还在 ValuePath 属性中存储从该结点到其根结点的路径。ValuePath 属性指示结点相对于根结点的位置。TreeNode 结点常用的属性见表 5-18 所列。

表 5-18 TreeNode 结点常用的属性

属性	说明
Checked	结点上的复选框的选择状态
ImageUrl	结点上所用图片的 URL 路径

(续)

属　性	说　明
NavigateUrl	单击结点时导航到的 URL
SelectAction	无导航结点被单击时执行的动作
Selected	当前结点是否被选择
ShowCheckBox	当前结点是否显示复选框
Text	结点上显示的文字

通过设置结点的 ShowCheckBox 属性，可以有选择地重写个别结点的复选框。如果显示复选框，可使用 Checked 属性确定复选框是否被选中。

以编程方式对 TreeView 控件的操控过程主要包括：加入子结点、加入兄弟结点、删除结点、展开和折叠结点等。

(1) 加入子结点

首先要在 TreeView 组件中定位要加入的子结点的位置，然后创建一个结点对象，利用 TreeVeiw 类中对结点的加入方法[即 Add( )方法]加入此结点对象。添加子结点的语句为：

```
treeView1.SelectedNode.Nodes.Add( tmp );
```

(2) 加入兄弟结点

与加入子结点的方法类似，加入兄弟结点的具体过程是：首先寻找当前选中结点的父结点，在父结点下建立子结点。添加兄弟结点的语句为：

```
treeView1.SelectedNode.Parent.Nodes.Add( tmp );
```

(3) 删除结点

首先判断要删除的结点是否存在下一级结点，如果不存在，调用 TreeView 类中的 Remove( )方法就可以删除结点。删除结点的语句为：

```
treeView1.SelectedNode.Remove( );
```

(4) 展开所有结点

展开所有结点的具体过程是：首先获取当前 TreeView 控件的根结点，然后利用 ExpandAll 方法展开结点。展开所有结点的语句为：

```
//定位根结点
treeView1.SelectedNode = treeView1.Nodes[ 0 ];
//展开组件中的所有结点
treeView1.SelectedNode.ExpandAll( );
```

(5) 展开选定结点的下一级结点

展开选定结点的下一级结点的具体过程是：首先获取当前选中的结点，然后利用 Expand 方法展开结点。展开所有结点的语句为：

```
treeView1.SelectedNode.Expand( );
```

（6）折叠所有结点

折叠所有结点的具体过程是：首先获取当前 TreeView 控件的根结点，然后利用 Collapse 方法实施折叠结点。一般折叠所有结点的语句为：

```
//定位根结点
treeView1.SelectedNode = treeView1.Nodes[0];
//折叠组件中所有结点
treeView1.SelectedNode.Collapse();
```

TreeView 控件应用示例：新增一个 Web 窗体，从工具栏拖入一个 SiteMapDataSource 控件，该控件会直接加载 5.3.2 节中定义的 Web.sitemap 文件内容。接着再拖入一个 TreeView 控件，设置控件的数据源为 SiteMapDataSource1。设计效果如图 5-41 所示。

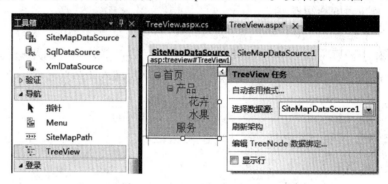

图 5-41　TreeView 控件

5.4　服务器数据验证控件

使用服务器数据验证控件可在网页上检查用户输入的数据是否符合要求，ASP.NET 提供各种不同类型验证的控件，例如范围检查或模式匹配验证控件。每个验证控件都引用网页上其他位置的输入控件（服务器控件）。当处理用户输入时（如当提交网页时），验证控件会对用户输入进行测试，并设置属性以指示输入是否通过了验证。调用了所有验证控件后，会在网页上设置一个属性以指示是否出现验证检查失败。

用户可以使用自己的代码来测试网页和各个控件的状态。例如，需要在获取用户输入的信息来更新数据记录之前测试验证控件的状态，如果检测到无效的状态，则略过更新。

如果任何验证检查失败，检测到错误的验证控件会生成显示在网页上的错误信息，也可以使用 ValidationSummary 控件在某个位置显示所有验证错误，并且页面将跳过所有处理过程并将网页返回给用户。

验证方式有两种：客户端验证和服务器验证。客户端验证是在表单数据发送到服务器之前进行验证，服务器验证是将用户输入的信息全部发送到服务器进行验证。一般客户端验证比服务器验证响应速度快，但服务器验证比客户端验证更安全。比较好的方法是先进行客户端验证，再使用服务器端验证。

5.4.1　验证控件的基本属性

本节介绍的 6 种验证控件共同的一些基本属性见表 5-19 所列。

表 5-19 验证控件共同的属性

属 性	说 明
ControlToValidate	获取或设置要验证的控件 ID
CssClass	获取或设置由 Web 服务器控件在客户端呈现的样式
Display	获取或设置验证控件中错误消息的显示行为
Enabled	获取或设置一个值,该值指示是否启用验证控件
ErrorMessage	获取或设置验证失败时控件中显示的错误消息文本
IsValid	获取或设置,指示关联的输入控件是否通过验证
Text	获取或设置验证失败时验证控件中显示的文本
EnabledClientScript	设置是否启用客户端验证,默认值 True
SetFocusOnError	验证无效时是否将焦点定位在被验证控件中
ValidationGroup	设置验证控件的分组名
ValidateEmptyText	获取或设置一个布尔值,指示是否验证空文本,默认为 False,即控件为空时不验证

验证控件中均有一个 IsValid 属性,用这个值来判断验证是否通过,验证通过时该属性为 True。如果页面中所有的验证控件的 IsValid 属性都为 True,则 Page.IsValid 属性为 True。如果要禁用验证,可将控件中的 CausesValidation 属性设置为 False。

5.4.2 RequiredFieldValidator 控件

该控件用于验证所关联的控件内容是否为空,如用户账户、密码等。若为空则提示错误信息。同时利用控件 InitialValue 属性可以获取或设置关联的输入控件的初始值,只有不等于 InitialValue 属性的值时才能通过验证。

RequiredFieldValidator 需要与另一个控件(如 TextBox 控件)配合使用。先将要验证的控件添加到网页中,然后再添加 RequiredFieldValidator,这样就可以轻松地将 RequiredFieldValidator 与前者关联,也可以通过验证控件的 ControlToValidate 属性指定要验证的控件。

在项目中添加一个 Web 窗体,输入"姓名:""联系电话:"和"家庭住址:"3 行文本,并在每一行文本后拖入一个 TextBox 控件和一个 RequiredFieldValidate 控件。确认控件的 ControlToValidate 属性指向正确的 TextBox 控件。设置各验证控件的 ErrorMessage 属性,定义验证不通过时显示的提示文本。最后拖入一个按钮。界面设计如图 5-42 所示。

图 5-42 RequiredFieldValidator 控件界面设计

运行程序,单击"提交"按钮时,没有填写内容的控件右侧都会显示错误提示文字,如图 5-43 所示,没有输入联系电话时单击"提交"按钮,浏览器不会提交表单,而是显示相应的错误提示信息。

图 5-43　RequiredFieldValidator 控件运行效果

5.4.3　CompareValidator 控件

CompareValidator 控件用于比较一个控件的值和另一个控件的值是否相等，也可用于比较一个控件的值和一个指定的值是否相等，若相等则验证通过，结果为 True。其常用属性见表 5-20 所列。

表 5-20　CompareValidator 的常用属性

属　　性	说　　明
ControlToCompare	获取或设置要与所验证的控件进行比较的另一个控件
ValueToCompare	获取或设置一个常数值，用于与被验证控件中的值进行比较
Type	获取或设置在比较之前将所比较的值转换到的数据类型
Operator	获取或设置要执行的比较操作

注：ControlToCompare 和 ValueToCompare 应用时只能选择其中一种。

下面的示例利用验证控件实现密码更改时验证用户设置的密码是否一致，操作步骤如下：

(1) 添加一个 Web 窗体，输入"设置密码："和"确认密码："两行文本，拖入两个 TextBox，将其 TextMode 属性设置为 Password。

(2) 在"设置密码"的 TextBox 后面放置一个 RequiredFieldValidator 验证控件，将 ErrorMessage 属性设置为"请设置密码"。

(3) 在"确认密码"的 TextBox 后面放置一个 CompareValidator 控件，该控件的 ControlToValidate 属性设置为 TextBox2 控件，ControlToCompare 属性设置为 TextBox1，控件 ErrorMessage 属性设置为"密码不一致"。页面设计如图 5-44 所示。

图 5-44　CompareValidator 控件实例

(4) 运行程序，输入密码不一致时会显示相应的提示信息。运行效果如图 5-45 所示。

图 5-45　CompareValidator 控件运行效果

5.4.4　RangeValidator 控件

RangeValidator 控件用于检查用户的输入是否在指定的范围内。该控件的两个重要属性是 MaximumValue 和 MinimumValue，分别用于获取或设置验证范围的最大值和最小值。

下面的示例要求输入的数据值在 2010 至 2014 之间，成绩在数字 0 至 100 范围内，如果超出范围则验证不通过。操作步骤如下：

（1）添加的 Web 窗体中输入"年级："和"成绩："两行文本，之后放入两个 TextBox 用于输入年级和成绩信息。

（2）两个 TextBox 之后分别放入一个 RangeValidator 控件，用于验证年级和成绩的输入控件。将年级验证控件的 MaximumValue 属性设置为 2014，MinimumValue 属性设置为 2010。将成绩验证控件的 MaximumValue 属性设置为 100，MinimumValue 属性设置为 0，Type 属性设置为 Integer。界面设计如图 5-46 所示。

图 5-46　RangeValidator 控件示例

（3）运行程序，输入年级 2011，成绩 101，单击"提交"按钮，页面显示验证结果，在成绩文本框后显示"应在 0～100 之间"。运行效果如图 5-47 所示。

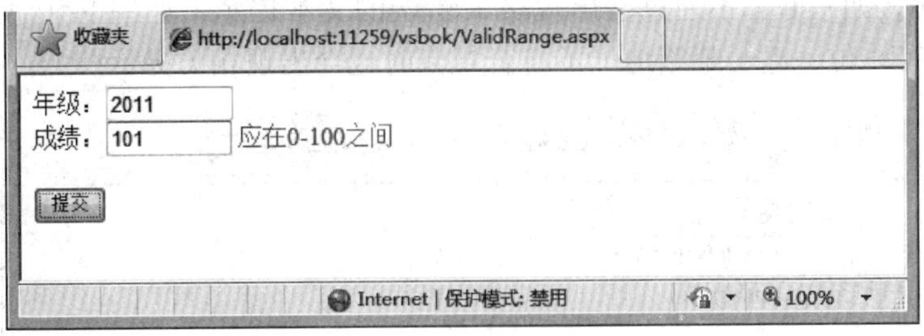

图 5-47　RangeValidator 控件运行效果

5.4.5 RegularExpressionValidator 控件

RegularExpressionValidator 控件用于验证检查项与正则表达式定义的模式是否匹配，主要通过属性 ValidationExpression 来获取或设置确定字段验证模式的正则表达式。此类验证方式能够实现检测可预知的字符序列，如电子邮件地址、电话号码、邮政编码、身份证号码等。

例如，新建一个 Web 窗体，输入"姓名："、"身份证号："和"电子邮箱："3 行文本，之后放入 3 个 TextBox 用于输入相关信息，姓名输入控件后面放入一个 RequiredFieldValidator 验证控件，身份证号和电子邮箱输入控件后面分别放入 RegularExpressionValidator 验证控件，如图 5-48 所示。

图 5-48　RegularExpressionValidator 界面设计

单击验证身份证号的 RegularExpressionValidator 控件 ValidationExpression 属性右侧按钮，弹出如图 5-49 所示的正则表达式编辑器，选择"中华人民共和国身份证号码（ID 号）"选项，该表达式可以验证身份证号码是否 15 位或 18 位。在电子邮箱验证控件的正则表达式编辑器中选择"Internet 电子邮件地址"选项。

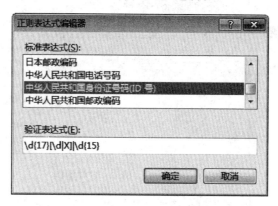

图 5-49　正则表达式编辑器

运行程序，如果验证不通过会出现格式错误的文本提示，如图 5-50 所示，身份证号码为错误的 14 位，电子邮箱地址不符合规范时也会出现相关提示。

图 5-50　RegularExpressionValidator 控件运行效果

5.4.6 CustomValidator 控件

当 ASP.NET 提供的验证控件无法满足需要时，可以采用 CustomValidator 验证控件自行定义验证函数。该控件的常用属性和事件见表 5-21 所列。

表 5-21 CustomValidator 的常用属性和事件

属性与事件	说 明
ClientValidationFunction	设置用于验证的自定客户端脚本函数名称
EnabledClientScript	是否启用客户端验证，默认为 True
ServerValidate	执行服务器端验证

如果只是在客户端通过脚本程序进行验证，只需要在 ClientValidationFunction 属性中引用函数名。如果要在服务器端验证，则需要响应 ServerValidate 事件。两种验证都可以通过属性 IsValid 判断关联的输入控件是否通过验证。

例如，采用客户端验证的方法，验证用户输入的评价是否超过 50 个字，不超过 50 个字则通过客户端验证。采用服务器端验证的方法，验证用户是否输入了空格串，如果输入内容删除空格后为空串，则服务器端验证不通过。界面及控件布局如图 5-51 所示。

图 5-51 CustomValidator 界面设计

CustomValidator 控件的 ClientValidationFunction 属性设置为 LenCheck，LenCheck 为 JavaScript 脚本程序，该客户端验证函数在 .aspx 文档中编写，代码如下，<script>…</script> 即为添加的 JavaScript 脚本代码：

```
…
<head runat="server">
    <title></title>
    <script language="javascript" type="text/javascript">
        function LenCheck(source, args) {
            args.IsValid = args.Value.length <= 50;
            CustomValidator1.innerHTML = "评价内容不应超过 50 字";
        }
    </script>
</head>
…
```

CustomValidator 控件的 ServerValidate 事件处理程序设置为 SvrCheck，如图 5-52 所示。

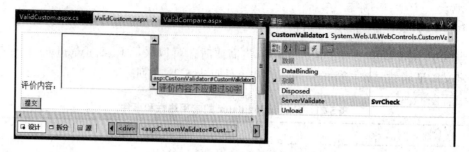

图 5-52 ServerValidate 事件设置

SvrCheck 事件处理程序代码如下：

```
protected void SvrCheck(object source, ServerValidateEventArgs args)
{
    string value = args.Value.Trim();//移除所有前导和尾部空格
    args.IsValid = value.Length ! = 0;
    CustomValidator1.ErrorMessage = "内容不能为空或空格串!";
}
```

运行程序，输入几个半角空格，单击"提交"按钮，进行了服务器端的验证，验证不通过并显示相关信息，效果如图 5-53 所示。

图 5-53 CustomValidator 服务器端验证效果

重新输入超过 50 个字符的文本，单击"提交"按钮，进行了客户端的验证，验证不通过并显示相关信息，运行效果如图 5-54 所示。

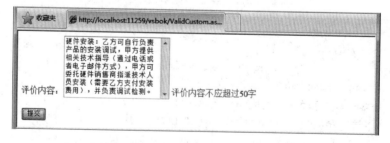

图 5-54 CustomValidator 客户端验证效果

5.4.7 ValidationSummary 控件

ValidationSummary 控件用于汇总其他验证控件的错误信息，即将其他验证控件的属性 ErrorMessage 值汇总，常用属性见表 5-22 所列。

表 5-22　ValidationSummary 的常用属性

属　性	说　明
DisplayMode	设置验证摘要的显示模式，值为 BulletList、List 和 SingleParagraph
ShowMessageBox	指定是否在一个弹出的消息框中显示错误信息
ShowSummary	指定是否启用错误信息汇总

在 5.4.5 节的示例中放入一个 ValidationSummary，将 ShowMessageBox 属性设置为 True，DisplayMode 属性设置为 BulletList，ShowSummary 属性设置为 True。输入不符合要求的数据时，运行效果如图 5-55 所示。

图 5-55　ValidationSummary 控件弹窗提示效果

本章小结

本章详细介绍了 ASP.NET 主要的服务器控件如标准控件、导航控件和数据验证控件的基本概念和使用方法，通过举例，让读者了解如何配置控件的属性、行为和外观，以及如何以编程的方式使用这些控件。通过本章的学习，读者应掌握服务器控件的编程技能。

习　题

1. 设计用户注册的窗体，选用适当的服务器控件输入账号、设置密码、确认密码、姓名、性别、出生年月、通信地址、联系电话、电子邮件、职业、兴趣爱好等相关信息。

2. 利用导航控件实现一个简单两级目录的网站导航功能，栏目结构为：企业简介、产品信息（网络设备、数码配件、电脑周边）、下载、论坛。

3. 利用数据验证控件为第 1 题的页面增加校验功能，实现账号、密码、姓名、通信地址等字段必填且设置合理的长度限制，校验电子邮件的格式，职业项必填，兴趣爱好至少选择一项。

4. 利用上传控件上传一个图片文件，上传后显示出来。

第 6 章 ADO.NET 数据库操作

本章学习目标

本章介绍 ADO.NET 数据库操作，主要是数据库的连接、数据源和数据绑定控件。通过本章的学习，读者应该掌握以下内容：
- 了解 ADO.NET 核心组件。
- 掌握数据库的连接及数据库操作方法。
- 掌握通过控件建立数据库源的方法。
- 掌握数据绑定控件的使用。

6.1 ADO.NET 简述

ADO.NET 的名称起源于 ADO(ActiveX Data Objects)，这是一个广泛的类组，用于在以往的 Microsoft 技术中访问数据。之所以使用 ADO.NET 名称，是因为 Microsoft 希望表明，这是在 .NET 编程环境中优先使用的数据访问接口。

ADO.NET 的核心组件由 Data Provider 模块和 DataSet 模块组成。Data Provider 程序库实现数据的连接、操作及对数据快速进行只读访问；DataSet 实现独立于数据源的数据访问和操作。

6.1.1 Data Provider 数据提供程序

.NET Framework 数据提供程序(.NET Framework Data Provider)是 ADO.NET 的一个组件，提供对关系数据源中的数据的访问。.NET Framework 数据提供程序包含一些类，这些类用于连接到数据源、在数据源处执行命令、返回数据源的查询结果等；该提供程序还能执行事务内部的命令。.NET Framework 数据提供程序还包含其他一些类，可用于将数据源的结果填充到数据集并将数据集的更改传回数据源，它是轻量的，可在数据源和代码之间创建最小的分层，并在不降低功能性的情况下提高性能。

Data Provider 有如下 4 个核心对象：

①Connection　建立与特定数据源的连接。

②Command　对数据源执行数据库命令，用于返回数据、修改数据、运行存储过程以及发送和检索参数信息等。

③DataReader　从数据源中获取只读的数据流。

④DataAdapter　执行 SQL 命令并用数据源填充 DataSet。

6.1.2 DataSet

DataSet 是 ADO.NET 的中心概念。可以把 DataSet 当成内存中的数据库，DataSet 是不依赖于数据库的独立数据集合(即使断开数据链路或者关闭数据库，DataSet 依然是可用的)。DataSet 对象作为一个独立实体运行，它很像数据库，有表、列、关系、约束、视图等。

6.1.3 例程使用的数据库结构

本章的样例程序基于一个简单的数据库，数据库名称为 StuDB（学生基本信息数据库），采用 SQL Server 2008 数据库管理系统。其中有 3 个表：学生基础信息表（ST_STU）、课程信息表（TB_KC）、成绩表（TB_CJ），见表 6-1 ~ 表 6-3 所列。

表 6-1　学生基本信息表（TB_STU）

名　称	数据类型	说　明
STU_ID	Int	编号，主键
XH	varchar(12)	学号
XM	varchar(50)	姓名
XB	char(2)	性别
MZ	varchar(10)	民族
ZY	varchar(30)	专业
JG	varchar(50)	籍贯
PHONE	varchar(11)	联系电话

表 6-2　课程信息表（TB_KC）

名　称	数据类型	说　明
KC_ID	Int	编号，主键
BH	varchar(20)	课程编号
MC	varchar(50)	课程名称
XZ	char(4)	课程性质
XF	Float	学分
JS	varchar(50)	授课教师
DD	varchar(20)	上课地点
SJ	varchar(20)	上课时间

表 6-3　成绩表（TB_CJ）

名　称	数据类型	说　明
CJ_ID	int	编号，主键
XH	int	学号，外键
KC_ID	int	课程编号，外键
CJ	float	成绩

6.2　ADO.NET 访问数据库

6.2.1　Connection 对象

Connection 为数据存储提供连接的对象。除了能建立数据连接外，还可以运行命令，这些命令可能是查询动作，比如更新、插入或删除操作，也可以是返回一个记录集的命令。要对数据库进行操作，首先要使用 Connection 建立到数据库的连接。Connection 的属性见表 6-4 所列，Connection 的方法见表 6-5 所列。

表 6-4　Connection 的属性

属　性	说　明
Attributes	设置或返回 Connection 对象的属性
CommandTimeout	指示在终止尝试和产生错误之前执行命令期间需等待的时间
ConnectionString	设置或返回用于建立连接数据源的细节信息
ConnectionTimeout	指示在终止尝试和产生错误之前建立连接期间所等待的时间
CursorLocation	设置或返回游标服务的位置
DefaultDatabase	指示 Connection 对象的默认数据库

(续)

属 性	说 明
IsolationLevel	指示 Connection 对象的隔离级别
Mode	设置或返回 provider 的访问权限
Provider	设置或返回 Connection 对象提供者的名称
State	返回一个描述连接是打开还是关闭的值
Version	返回 ADO 的版本号

表6-5 Connection 的方法

方 法	说 明
BeginTrans	开始一个新事务
Cancel	取消一次执行
Close	关闭一个连接
CommitTrans	保存任何更改并结束当前事务
Execute	执行查询、SQL 语句、存储过程或 provider 具体文本
Open	打开一个连接
OpenSchema	从 provider 返回有关数据源的 schema 信息
RollbackTrans	取消当前事务中所作的任何更改并结束事务

针对不同的数据库连接模式，Connection 主要有 3 种形式，见表6-6 所列。

表6-6 Connection 主要的 3 种形式

对象名称	用 途
SqlConnection	专门用来创建访问 SQL Server 数据库的连接
OleDbConnection	可以用来创建访问类似 Access 这样的数据库的连接
OracleConnection	专门用来创建访问 Oracle 数据库的连接

要建立数据库的连接，需要引入额外的命名空间，本例采用 OleDbConnection 对象实例 conn 建立数据库文件的连接，所以程序中引入了 System.Data 和 System.Data.OleDb 命名空间。

数据库连接字符串 ConnectionString 用于指定数据库连接的参数，字符串中的 Data Source 指定数据库的磁盘路径，本例中数据库文件与程序源码存放于相同的目录，文件名为 person.mdb，程序中采用 Server.MapPath 方法将当前目录下的数据库文件名转换为物理路径。程序代码如下：

```
using System.Data;
using System.Data.OleDb;
……
OleDbConnection conn = new OleDbConnection();
conn.ConnectionString = "Provider=Microsoft.Jet.OLEDB.4.0;Data Source=" +
Server.MapPath("person.mdb");
conn.Open();
……
conn.Close();
```

设置数据库连接字符串后,通过 Open 方法来执行数据库的连接操作。之后就可以通过 conn 对象对数据进行操作,操作结束后,通过 Close 方法关闭数据库的连接。

6.2.2 Command 对象

Command 对象也称为数据库命令对象,主要执行包括添加、删除、修改及查询操作的命令,也可以用来执行存储过程。默认情况下 CommandType 属性为 CommandType.Text,表示执行的是普通 SQL 语句,当 Command 对象用于执行存储过程时,需要将 CommandType 属性设置为 CommandType.StoredProcedure。Command 对象的属性见表 6-7 所列。

表 6-7 Command 对象的属性

属 性	说 明
ActiveConnection	设置或返回包含了定义连接或 Connection 对象的字符串
CommandText	设置或返回命令(如 SQL 语句、表格名称或存储的过程调用)的字符串值。默认值为 ""(零长度字符串)
CommandTimeout	设置或返回长整型值,该值指示等待命令执行的时间(单位为秒)。默认值为 30
CommandType	设置或返回一个 Command 对象的类型
Name	设置或返回一个 Command 对象的名称
Prepared	指示执行前是否保存命令的编译版本(已经准备好的版本)
State	返回一个值,此值可描述该 Command 对象处于打开、关闭、连接、执行还是取回数据的状态

Command 对象常用的方法有 3 个。

(1) ExecuteNonQuery( )

该方法用于执行一个 SQL 语句,返回受影响的行数,主要用于执行增加、更新、删除的操作。下面的样例实现了向数据库中的 grade 表新增一条记录,conn 对象为前一节中创建并已打开连接的数据库连接对象:

```
……
string strSQL = "insert into grade values(12,'女','小张',78,86,98)";
OleDbCommand Comm = new OleDbCommand(strSQL, conn);
Comm.ExecuteNonQuery();
……
```

(2) ExecuteReader( )

该方法用于执行一个查询的 SQL 语句,并将查询结果返回一个 DataReader 对象。如:

```
……
SqlCommand Comm = new SqlCommand("select * from Authors", Conn);
SqlDataReader dr = Comm.ExecuteReader();
……
```

(3) ExecuteScalar( )

该方法从数据库检索单个值,主要用于统计操作。ExecuteScalar( )方法是针对 SQL

语句执行的结果，是一行一列的结果集，该方法只返回查询结果集的第一行第一列。如：

```
OleDbConnection conn = new OleDbConnection();
conn.ConnectionString = " Provider = Microsoft.Jet.OLEDB.4.0; Data Source = " +
                    Server.MapPath("person.mdb");
conn.Open();
string strSQL = "select avg(数学) from grade";
OleDbCommand Comm = new OleDbCommand(strSQL, conn);
double d = (double)Comm.ExecuteScalar();
Message.Text = "数学平均成绩:" + d.ToString() + "分";
conn.Close();
```

操作数据库的时候，为了提高性能，都遵循一个原则：数据库连接对象应该尽可能晚打开，尽可能早关闭。在上面的例子中，在 Command 对象需要执行数据库操作之前才打开数据库连接对象，执行数据库操作之后马上就关闭了数据库连接对象。

6.2.3 DataReader 对象

DataReader 对象只允许以只读、顺向的方式查看其中所存储的数据，是一个非常有效率的数据检索模式，同时它还是一种非常节省资源的数据对象。因为它是只读的，所以如果要对数据库中的数据进行修改，就需要通过其他方法将所作的更改保存到数据库中。DataReader 的常用属性和方法见表 6-8、表 6-9 所列。

表 6-8 DataReader 的常用属性

属 性	说 明
FieldCount	只读，表示记录中有多少字段
HasMoreResults	表示是否有多个结果，本属性和 SQL Script 搭配使用
IsClosed	只读，表示 DataReader 是否关闭
Item	只读，本对象是集合对象，以键值(Key)或索引值(Index)的方式取得记录中某个字段的数据
RecordsAffected	获取执行 SQL 语句所更改、添加或删除的行数
RowFetchCount	用来设定一次取回多少笔记录，预设值为 1

表 6-9 DataReader 的方法

方 法	说 明
Read	使 DataReader 对象前进到下一条记录(如果有)
Get	用来读取数据集的当前行的某一列的数据
NextResult	当读取批处理 SQL 语句的结果时，使数据读取器前进到下一个结果
Close	关闭 DataReader 对象。注意，关闭阅读器对象并不会自动关闭底层连接

DataReader 对象不能直接实例化，必须借助相关的 Command 对象来创建实例。例如用 SqlCommand 实例 ExecuteReader() 方法可以创建 SqlDataReader 实例。因为 DataReader 对象读取数据时需要与数据库保持连接，所以在使用完 DataReader 对象读取完数据之后应该立即调用它的 Close() 方法关闭，并且还应该关闭与之相关的 Connection 对象。

在.Net 类库中提供了一种方法，在关闭 DataReader 对象的同时自动关闭掉与之相关的 Connection 对象，使用这种方法是可以为 ExecuteReader( )方法指定一个参数，如下面的代码所示，CommandBehavior 是一个枚举，上面使用了 CommandBehavior 枚举的 CloseConnection 值，它能在关闭 SqlDataReader 时关闭相应的 SqlConnection 对象。

```
SqlDataReader reader = 
        command.ExecuteReader(CommandBehavior.CloseConnection);
```

DataReader 对象读取数据有如下 3 种方式：

第一种是按查询时列的索引用指定的方式来读取列值，无需做相应转换。如 GetByte(int i)就是读取第 i 列 byte 类型的值。这种方法的优点是指定列后将该列的值直接读取出来，无需再转换数据类型，缺点是一旦指定的列不能按照指定的方式转换时就会抛出异常，比如数据库里字段的类型是 string 类型或者该字段的值为空时，按照 GetByte(i)这种方式读取就会抛出异常。

第二种方式就是按照列索引的方式读取，在读取的时候并不进行值转换，如 reader[5]就是读取第 5 列的值(这里 reader 是一个 Reader 对象的实例)，这样得到的值是一个 Object 类型的值，而 Object 是所有类的基类，所以这个方法不会抛出异常。如果要得到它的正确类型，还需要根据数据库里的字段类型进行转换。

最后一种是按照列名的方式去读，并且在读的时候也不进行相应转换，得到的是 object 类型的值。

这三种方式就性能来说第一种最高，第二种稍低，第三种最低(这很好理解，假设要在一个旅馆里找人，直接通过房间号找肯定比通过名字找快)。就灵活性来说第三种最灵活，第二种次之，第一种最不灵活(假如在后来编写 SQL 语句中更改了列的索引，第一种和第二种都可能出现问题)。实际开发中应根据实际情况选择合适的方式。

使用 DataReader 检索数据的步骤为：首先创建 Command 对象，然后调用 ExecuteReader( )创建 DataReader 对象，接着使用 DataReader 的 Read( )方法逐行读取数据，最后关闭 DataReader 对象。

下面的样例程序在数据库 TB_STU 表中检索姓"李"的学生记录，并将所检索的结果采用不同的数据读取方法输出到控制台显示：

```
string sql = "SELECT xh,xm,xb FROM tb_stu WHERE xm LIKE '李% '";
SqlCommand command = new SqlCommand(sql, conn);
OleDbDataReader dataReader = command.ExecuteReader();
Console.WriteLine("查询结果:");
while (dataReader.Read())
{
    Console.WriteLine( dataReader.GetString(1) );      //按照列索引指定获取学号字符串
    Console.WriteLine( (string) dataReader[2] );        //按照列索引取姓名字段
    Console.WriteLine( (string) dataReader["xb"] );     //按照列名取性别字段
}
dataReader.Close();
```

6.3 数据源控件

ASP.NET 包含一些数据源控件，这些数据源控件允许使用不同类型的数据源，如数据库、XML 文件或中间层业务对象。数据源控件连接到数据源，从中检索数据，并使得其他控件可以绑定到数据源而无需代码，可以实现 Select、Insert、Delete 和 Update 等数据操作。数据源控件模型是可扩展的，因此还可以创建自己的数据源控件，实现与不同数据源的交互，或为现有的数据源提供附加功能。内置的数据源控件见表 6-10 所列。

表 6-10 内置的数据源控件

数据源控件	说 明
LinqDataSource	使用此控件，可以通过标记在 ASP.NET 网页中使用语言集成查询（LINQ），从数据对象中检索和修改数据。支持自动生成选择、更新、插入和删除命令。该控件还支持排序、筛选和分页
EntityDataSource	允许绑定到基于实体数据模型（EDM）的数据。支持自动生成更新、插入、删除和选择命令。该控件还支持排序、筛选和分页
ObjectDataSource	允许使用业务对象或其他类，以及创建依赖中间层对象管理数据的 Web 应用程序。支持对其他数据源控件不可用的高级排序和分页方案
SqlDataSource	允许使用 Microsoft SQL Server、OLE DB、ODBC 或 Oracle 数据库。与 SQL Server 一起使用时支持高级缓存功能。当数据作为 DataSet 对象返回时，此控件还支持排序、筛选和分页
AccessDataSource	允许使用 Microsoft Access 数据库。当数据作为 DataSet 对象返回时，支持排序、筛选和分页
XmlDataSource	允许使用 XML 文件，特别适用于分层的 ASP.NET 服务器控件，如 TreeView 或 Menu 控件。支持使用 XPath 表达式来实现筛选功能，并允许对数据应用 XSLT 转换。XmlDataSource 允许通过保存更改后的整个 XML 文档来更新数据
SiteMapDataSource	结合 ASP.NET 站点导航使用。有关更多信息，参见 ASP.NET 站点导航概述

6.3.1 SqlDataSource 控件

SqlDataSource 控件是用来连接数据库类型的数据源控件，可以访问位于某个关系数据库中的数据，数据库可以是 Microsoft SQL Server、Oracle 数据库、OLE DB 和 ODBC。可以将 SqlDataSource 控件和用于显示数据的其他控件（如 GridView 等）结合使用，使用很少的代码可以在 ASP.NET 网页对数据实现增加、修改、删除、选择、分页、排序、缓存以及筛选操作。

6.3.2 SqlDataSource 的应用

SqlDataSource 连接数据源不需要编写代码，只需按"配置数据源"向导逐步设置就可以了。基本步骤如下：

（1）项目中添加一个 Web 窗体，命令为 WebForm1.aspx，然后从工具箱中拖入一个 SqlDataSource 控件，如图 6-1 所示。

图 6-1 添加 SqlDataSource 数据库控件

(2)单击"配置数据源…"链接,在弹出的配置数据源对话框中选择"新建连接…"按钮,如图 6-2 所示。

图 6-2 配置数据源

(3)在数据源对话框中选择 Microsoft SQL Server 类型的数据源,单击"继续"按钮,如图 6-3 所示。

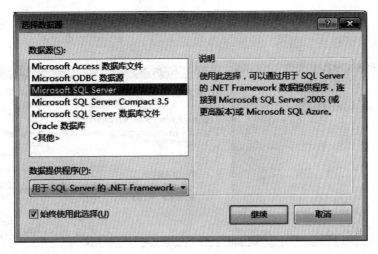

图 6-3 选择数据源

(4)在弹出的添加连接对话框中设置数据库的连接参数,本例中连接本机 127.0.0.1 的数据库 person。完成后单击"确定"按钮,如图 6-4 所示。

图 6-4 设置数据库连接参数

(5)击点"下一步"按钮,可将连接字符串保存到应用程序配置文件中,当需要连接同一个数据库时,从应用程序配置文件中获取该连接字符串即可,如图 6-5 所示。

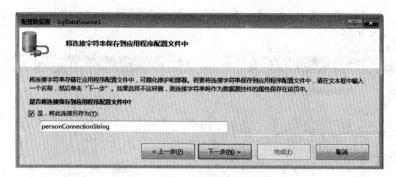

图 6-5　连接字符串保存到应用程序配置文件中

（6）单击"下一步"按钮，进入"配置 Select 语句"对话框界面，如图 6-6 所示。选择"指定来自表或视图的列"，表的名称通过下拉选择框选择 TB_STU，显示的列默认为"＊"（即显示所有字段），也可根据需要显示指定的列。右侧的"WHERE"按钮可指定查询的条件，"ORDER BY"按钮可指定检索结果的排序方式。界面下方显示配置的 SQL 语句。

（7）为使该数据源具有数据编辑功能，单击图 6-6 中的"高级"按钮，会弹出高级 SQL 生成选项对话框，如图 6-7 所示。

图 6-6　配置 Select 语句　　　　　图 6-7　高级 SQL 生成选项

（8）单击"下一步"按钮后，进入测试查询界面，如图 6-8 所示，单击"测试查询"按钮，界面中可显示查询的结果。单击"完成"按钮即可完成数据源的可视化配置。

图 6-8　测试查询

(9)数据源配置过程中生成的数据库连接字符串实际存储在 Web.Config 应用程序配置文件中,存储的名称为"personConnectionString",Web.Config 文件中的部分代码如下:

```
< add name = "personConnectionString"
   connectionString = "Data Source =127.0.0.1;Initial Catalog = person;Integrated Security = True" providerName = "System.Data.SqlClient" / >
```

切换到 WebForm1.aspx 的源视图,如图 6-9 所示,对数据源控件的配置均可在控件的源代码中查看和修改。

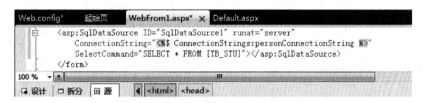

图 6-9 数据源控件源码

6.4 数据绑定控件

数据绑定控件是指能够支持数据库集合数据显示的控件,只要能够支持集合的控件,都可以作为数据绑定的控件。

6.4.1 GridView 控件

GridView 控件用于显示二维表格式的数据,可在数据初始化的时候绑定一个数据源,从而显示数据。除了能够显示数据外,还可以实现编辑、排序和分页等功能,而这些功能的实现有时可以不写代码或写很少的代码。GridView 的属性见表 6-11 所列。

表 6-11 GridView 的属性

属 性	说 明
AllowPaging	获取或设置指示是否启用分页的值
AllowSorting	获取或设置指示是否启用排序的值
DataSource	获取或设置源,该源包含用于填充控件中项的值列表
Page	获取对包含服务器控件的 Page 实例的引用
PageSize	获取或设置要在 GridView 控件的单页上显示的项数
AutoGenerateColumns	获取或设置值,该值指示是否为数据源中的每一字段自动创建 BoundColumn 对象并在 GridView 控件中显示这些对象
PagerSetting	设置分页显示的模式,通过设置 PagerSettings 类的 Mode 属性来自定义分页模式。Mode 属性的值包括:NextPrevious(上一页按钮和下一页按钮)、NextPreviousFirstLast(上一页按钮、下一页按钮、第一页按钮和最后一页按钮)、Numeric(可直接访问页面的带编号的链接按钮)、NumericFirstLast(带编号的链接按钮、第一个链接按钮和最后一个链接按钮)

下面通过具体实例讲解该控件的使用,例如使用 GridView 显示数据。

(1)选择工具箱中 GridView 控件,拖到 WebForm1.aspx 的设计视图上,选择数据源为前一节中建立的 SqlDataSource1,设置启用分页、启用排序、启用编辑、启用删除选项,控件设置如图 6-10 所示。

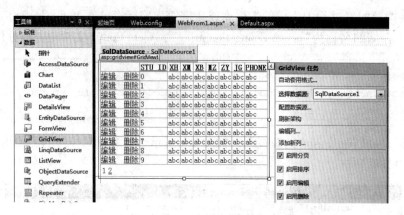

图 6-10 设置 GridView 控件

（2）单击图 6-10 中的"编辑列"链接可以指定各列的属性。如图 6-11 所示，单击左下侧选定的字段"XH"，在右侧的属性中"HeaderText"即为该字段的标题，将"XH"改为"学号"。其他字段也同样操作。

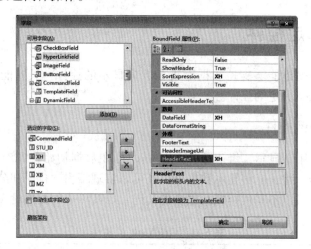

图 6-11 设置 GridView 的标题属性

（3）运行效果如图 6-12 所示，该控件可显示数据库中 TB_STU 的表中数据，还具有分页浏览、单击标题排序、进行编辑和删除等基本的数据操作功能。

图 6-12 运行效果

6.4.2 DataList 控件

DataList 控件以表的形式呈现数据，可以使用不同的布局来显示数据记录，例如将数据记录排成列或行的形式。通过对 DataList 控件进行配置，可以编辑或删除表中的记录，但必须自己编写相关代码。DataList 控件数据项显式放在 HTML 表中。示例操作步骤如下：

（1）在 WebForm1.aspx 页面中添加 DataList 控件，并设置数据源为 SqlDataSource1，如图 6-13 所示。

图 6-13　DataList 控件

（2）单击"属性生成器"，在弹出的对话框中进行设置，可设置常规，本例中设置为 3 列显示，通过该对话框可设置控件的格式和边框等属性，如图 6-14 所示。

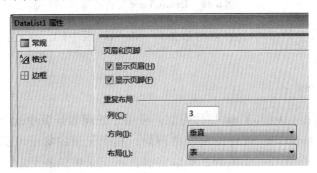

图 6-14　DataList 属性生成器

（3）控件运行效果如图 6-15 所示。

图 6-15　DataList 运行效果

6.4.3　DetailsView 控件

使用 DetailsView 控件，可以逐一显示、编辑、插入或删除其关联数据源中的记录。

默认情况下，DetailsView 控件将逐行单独显示记录的各个字段，该控件通常在"主/详细"方案中使用，在这种方案中，主控件中选中的记录决定了在 DetailsView 控件中显示的记录。即使 DetailsView 控件的数据源包含多条记录，该控件一次也仅显示一条数据记录。DetailsView 控件不支持排序。

下面在页面中添加 DetailsView 控件，并进行相关设置，设置方法如图 6-16 所示，并通过"编辑字段"进行字段名称的设置。

图 6-16　DetailsView 控件设置

运行结果如图 6-17 所示，可以对数据库 TB_STU 表中的记录逐一进行编辑、删除和新建操作。

6.4.4　FormView 控件

FormView 控件与 DetailsView 控件类似，可用于处理数据源中的单个记录。它们之间的差别在于"DetailsView"控件使用表格布局，其中记录的每个域都分别逐行单独显示。通过编辑一个包含控件的模板，可以定制显示记录中的各个域。FormView 控件的设置与 DetailsView 类似，其运行效果如图 6-18 所示。

图 6-17　DetailsView 运行效果　　　　图 6-18　FormView 运行效果

6.4.5　Repeater 控件

Repeater 是一个迭代控件，能够从页的任何可用数据中创建出自定义的列表。因为该数据控件没有默认外观，所以可以创建任何类型的列表。其主要特点是可以灵活地控制数据的显示，该控件可重复操作。用户可对每个生成的 HTML 标签有绝对控制权。Repeater 控件允许用户定义如下几种模板：

① ItemTemplate　数据模板，这是必须的，表示控件每个列表项和布局。

② AlternatingItemTemplate　隔行数据模板。
③ SeparatorTemplate　分割线模板，可选参数，用于控制每个项目之间显示分割线。
④ HeaderTemplate　头模板，可选参数，表示控件列表头的内容和布局。
⑤ FooterTemplate　尾模板，可选参数，表示控件的内容和布局，如添加标注等。

下面的示例介绍了 Repeater 控件的应用。

（1）新建一个 Web 窗体，从工具箱中拖入一个 Repeater 控件，切换到源视图，按下面的代码对该控件进行配置。

（2）HeaderTemplate 部分配置标题行，ItemTemplate 部分配置数据行，每行 4 个单元格，第 1 列为一个复选框，第 2 列为学号，并显示为链接到 Showstudent.aspx 页面，通过 stuID 传递当前学生的学号。示例代码如下：

```
<asp:Repeater ID = "Rpt1" runat = "server" DataSourceID = "SqlDataSource1" >
  <HeaderTemplate >
    <table id = "rpt" class = "rpt_table" border = "1" cellpadding = "3" >
    <tr align = "center" > <th >选择</th > <th >学号</th > <th >姓名</th > <th >性别</th > </tr >
  </HeaderTemplate >
  <ItemTemplate >
    <tr align = "center" >
      <td > <input id = "lable" type = "checkbox" name = "lable" value = " <% #Eval("stu_ID")% >" /> </td >
      <td > <a href = "Showstudent.aspx? stuID = <% # Eval("stu_ID") % >" > <% # Eval("xh")% > </a > </td >
      <td > <% # Eval("xm")% > </td >
      <td > <% # Eval("xb")% > </td >
    </tr >
```

```
  </ItemTemplate >
  <FooterTemplate >
    </table >
  </FooterTemplate >
</asp:Repeater >
```

（3）运行效果如图 6-19 所示。

选择	学号	姓名	性别
☐	20130001	张海	男
☐	20130002	成海涛	男
☐	20130003	李琼	女
☐	20130004	程丽雅	女
☐	20130005	周知强	男
☐	20130006	李浩江	女

图 6-19　Repeater 控件效果

本章小结

本章详细介绍了 ADO.NET 的数据库操作的基本方法,以及数据源控件、数据绑定控件的基本概念和使用方法。通过举例,让读者了解如何建立和配置数据源,通过相关控件实现数据库中数据的展示和编辑功能。通过本章的学习,读者应掌数据库的基本编程技能。

习 题

设计一个简单的通讯录管理程序。通讯录的基本信息有:姓名、电话、工作单位、地址、备注。要求采用数据库存储通讯录信息,设计并实现浏览、添加、删除和编辑通讯录的相关页面。

▶▶▶ 第7章 在 ASP.NET 中使用 XML

本章学习目标

本章介绍 ASP.NET 对 XML 操作的方法，主要介绍基于流的 XML 处理、内存中的 XML 处理、通过 XmlSerializer 实现对象的序列化与反序列化 3 种方法。通过本章的学习，读者应该掌握以下内容：

- XML 命名空间。
- 掌握基于流的 XML 处理技术。
- 掌握 XmlDocment 类和 XDocument 类对 XML 的处理。
- 通过 XmlSerializer 实现对象的序列化与反序列化的方法。

7.1 XML 简介

XML 主要应用在以下场合中：
① 需要处理已经保存在 XML 中的数据时。
② 希望用 XML 保存数据并为将来可能整合做准备时。
③ 使用依赖于 XML 的技术时。例如使用 Web Service。

很多.NET 的功能在幕后使用 XML，例如，Web Service 使用一个建立在 XML 基础架构上的高层模型。使用 Web Service 时不需要直接操作 XML，而是可以直接使用一个抽象的对象。类似地，不需要直接操作 XML 来读取 web.config 配置，也不需要将 DataSet 保存在一个文件。

XML 在应用程序整合时最有意义，如可以使用 XML 格式文件保存应用的专有数据，然后可以使用.NET 类从文件中读取 XML 数据。当保存复杂、高度结构化的数据时，使用这些类具有非常显著的优点，它远高于用户自行设计文件格式并编写自己的文件解析逻辑所带来的便利。它还可以让其他开发者方便地理解、重用或改进用户创建的系统。

7.1.1 XML 应用实例

XML 的设计目标是符合 W3C 标准规范，和 HTML 类似，XML 是一种基于尖括号间标签的标记语言。和 HTML 不同的是，XML 没有一组固定的标签。相反 XML 是一种可以创建其他标记的元语言。例如，下面的文档显示一个定单的信息，包含订单日期、订单编号、订单总金额及两个订单的明细：

```
<?xml version = "1.0" encoding = "utf-8"?>
<Order>
    <OrderDate>2014-5-20</OrderDate>
    <OrderNo>140520091150102</OrderNo>
```

```
        <OrderAmount>1100.00</OrderAmount>
        <OrderItemList>
            <OrderItem>
                <ProductName>移动硬盘</ProductName>
                <ProductMode>1T</ProductMode>
                <Price>700.00</Price>
                <Quantity>1</Quantity>
            </OrderItem>
            <OrderItem>
                <ProductName>DDR3 内存条</ProductName>
                <ProductMode>8G</ProductMode>
                <Price>400.00</Price>
                <Quantity>1</Quantity>
            </OrderItem>
        </OrderItemList>
</Order>
```

7.1.2 XML 命名空间

在 XML 中，元素名称是由开发者定义的，当两个不同的文档使用相同的元素名时，就会发生命名冲突。下面这个 XML 文档携带着某个表格中的信息：

```
<table>
  <tr>
  <td>Apples</td>
  <td>Bananas</td>
  </tr>
</table>
```

另一个 XML 文档携带有关桌子的信息（一件家具）：

```
<table>
  <name>African Coffee Table</name>
  <width>80</width>
  <length>120</length>
</table>
```

假如这两个 XML 文档被一起使用，由于两个文档都包含带有不同内容和定义的 <table> 元素，就会发生命名冲突。XML 解析器无法确定如何处理这类冲突。

此时可使用命名空间（Namespaces）来解决这个问题。XML 命名空间属性被放置于元素的开始标签之中，并使用以下的语法：

```
xmlns:namespace-prefix="namespaceURI"
```

当命名空间被定义在元素的开始标签中时，所有带有相同前缀的子元素都会与同一个命名空间相关联。下面的 XML 文档携带着某个表格中的信息：

```
<table xmlns = "http://www.w3.org/TR/html4/">
  <tr>
    <td>苹果</td>
    <td>香蕉</td>
  </tr>
</table>
```

下面的 XML 文档携带着有关一件家具的信息：

```
<table xmlns = "http://www.w3school.com.cn/furniture">
  <name>书桌</name>
  <width>80</width>
  <length>120</length>
</table>
```

注意：用于标示命名空间的地址不会被解析器用于查找信息，其唯一的作用是赋予命名空间一个唯一的名称。不过，很多公司常常会作为指针来使用命名空间指向实际存在的网页，这个网页包含关于命名空间的信息。

7.2 基于流的 XML 处理

.NET Framework 允许用户使用 System.xml（以及以 System.xml 开头）的命名空间中的一组类来操作 XML 数据。读写 XML 最常用的方法是使用两个基于流的类：XMLTextReader 和 XMLTextWriter。

7.2.1 写 XML 文件

在网站项目中创建一个 Web 窗体，命名为 XmlDemo.aspx，在页面中放入两个"写 XML"和"读 XML"的按钮，并建立相应的单击事件处理程序。在按钮下方添加一个文本框 TextBox，文本框的 TextMode 属性设置为 MultiLine，允许多行文本，适当调整文本框的大小，如图 7-1 所示。

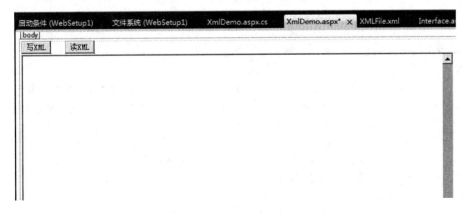

图 7-1 窗体界面设计

XmlTextWriter 的主要属性和主要方法见表 7-1 和表 7-2 所列。

表 7-1　XmlTextWriter 的主要属性

属性	说明
Formatting	指示如何对输出进行格式设置
Indentation	获取或设置当 Formatting 设置为 Formatting.Indented 时将为层次结构中的每个级别编写多少缩进字符 IndentChar
Namespaces	获取或设置一个值，该值指示是否进行命名空间支持

表 7-2　XmlTextWriter 的主要方法

方法	说明
Close	关闭此流和基础流
WriteAttributes	当在派生类中被重写时，写出在 XmlReader 中当前位置找到的所有属性
WriteComment	写出包含指定文本的注释 <!--...-->
WriteElementString(String, String)	编写具有指定的本地名称和值的元素
WriteEndAttribute	关闭上一个 WriteStartAttribute 调用
WriteEndAttributeAsync	异步关闭上一个 WriteStartAttribute 调用。
WriteEndDocument	关闭任何打开的元素或特性，并将编写器重新设置为 Start 状态
WriteEndElement	关闭一个元素并弹出相应的命名空间范围
WriteStartAttribute(String)	用指定的本地名称编写属性的起点
WriteStartDocument	编写版本为"1.0"的 XML 声明
WriteStartDocument(Boolean)	编写版本为"1.0"并具有独立特性的 XML 声明
WriteStartElement(String)	当在派生类中被重写时，写出具有指定的本地名称的开始标记

下面通过 XmlTextWrite 创建一个如 7.1.1 节示例中的格式良好的 XML 文件：

```
using System.Xml;
using System.Text;

public partial class XmlDemo : System.Web.UI.Page
{
    protected void Page_Load(object sender, EventArgs e)
    {
    }
    protected void btnWriteXML_Click(object sender, EventArgs e)
    {
        string xmlFile = Server.MapPath("demo.xml");   //获取文件名的绝对路径
        XmlTextWriter wr = new XmlTextWriter(xmlFile, null);   //创建 XML 文件
        wr.Formatting = Formatting.Indented; //允许缩进
        wr.Indentation = 6;                        //缩进的空格数为 3
        wr.WriteStartDocument();              // 写入版本 1.0 的 XML 声明
        wr.WriteComment("xml 写示例");        //写入一条注释

        wr.WriteStartElement("Order");        //写入根元素 Order
        wr.WriteElementString("OrderDate", "2014-5-20");//写入没有子元素的 OrderDate
```

```csharp
        wr.WriteElementString("OrderNo", "140520091150102");
        wr.WriteElementString("OrderAmount", "1100.00");
        wr.WriteStartElement("OrderItemList");          //写入结点 OrderItemList

        wr.WriteStartElement("OrderItem");
        wr.WriteElementString("ProductName", "移动硬盘");
        wr.WriteElementString("ProductMode", "1T");
        wr.WriteElementString("Price", "700");
        wr.WriteElementString("Quantity", "1");
        wr.WriteEndElement();    //End of OrderItem

        wr.WriteStartElement("OrderItem");
        wr.WriteElementString("ProductName", "DDR3 内存条");
        wr.WriteElementString("ProductMode", "8G");
        wr.WriteElementString("Price", "400");
        wr.WriteElementString("Quantity", "1");
        wr.WriteEndElement();    //End of OrderItem
        wr.WriteEndElement();    //End of OrderItemList

        wr.WriteEndElement();    //End of Order
        wr.WriteEndDocument();
        wr.Close();
    }
```

运行程序，单击"写入 XML"后，将会在目录下生成一个名为 demo.xml 的文件，使用记事本打开即可看到写入的 XML 文档内容，如图 7-2 所示。

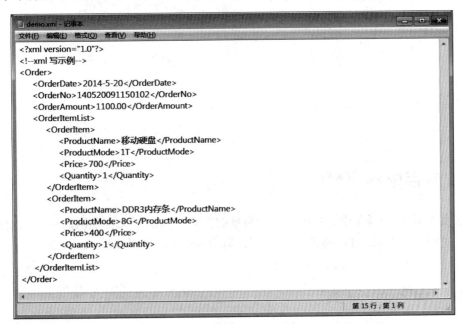

图 7-2　创建的 XML 文件的内容

7.2.2 读 XML 文件

使用 XmlTextReader 对象读取 XML 是最简单的方法，但它只提供了最小的灵活性，文件以顺序读取，不能够像处理内存中的 XML 那样自由地移动到父、子、兄弟结点中。读取代码如下：

```csharp
protected void btnReadXML_Click(object sender, EventArgs e)
{
    string xmlFile = Server.MapPath("demo.xml");     //获取文件名的绝对路径
    XmlTextReader rd = new XmlTextReader(xmlFile);   //打开 XML 文档
    StringBuilder str = new StringBuilder();
    while (rd.Read())//读 XML 文件，每次读一个结点，当非最后一个结点时返回 true
    {
        switch (rd.NodeType)    //判断当前读取结点的类型
        {
            case XmlNodeType.XmlDeclaration:
                str.Append("XML 声明:");
                str.Append(rd.Name + "<br><br>");
                break;
            case XmlNodeType.Element:
                str.Append("元素:" + rd.Name + "<br><br>");
                break;
            case XmlNodeType.Text:
                str.Append("值:" + rd.Value + "<br><br>");
                break;
            case XmlNodeType.Comment:
                str.Append("注释:" + rd.Value + "<br><br>");
                break;
        }
    }
    rd.Close();
    Response.Write(str);
}
```

7.3 内存中的 XML 处理

很多 XML 处理场合中，希望有一种简单的方式，只需要几行代码即可取出元素的内容。对内存中 XML 的处理则更加方便，XmlDocument、XPathNavigator 和 XDocument 类都支持对 XML 文件内容的读取和导航。

7.3.1 XmlDocument 类

XmlDocument 类是 .NET 框架的 DOC 解析器。XmlDocument 将 XML 视为树状结构，它装载 XML 文档，并在内存中构建该文档的树状结构。它使用文档对象模型以一个层次结构树的形式把整个 XML 数据加载到内存中，从而允许以任何方式对数据的任意结点进行访问，使插入、更新、删除、移动 XML 数据变得更方便。缺点是整个 XML 数据都加载到内存中，会消耗大量的内存空间。

XDocument 类的主要属性和方法见表 7-3 和表 7-4 所列。

表 7-3　XmlDocument 的主要属性

属　　性	说　　明
Attributes	获取一个 XmlAttributeCollection，它包含该结点的特性
ChildNodes	获取结点的所有子结点
DocumentElement	获取文档的根 XmlElement
DocumentType	获取包含 DOCTYPE 声明的结点
FirstChild	获取结点的第一个子级
HasChildNodes	获取一个值，该值指示结点是否有任何子结点
Implementation	获取当前文档的 XmlImplementation 对象
InnerText	在所有情况下引发 InvalidOperationException
InnerXml	获取或设置表示当前结点子级的标记
Item[String]	获取具有指定 Name 的第一个子元素
LastChild	获取结点的最后一个子级
Name	获取结点的限定名
NextSibling	获取紧接在该结点之后的结点
NodeType	获取当前结点的类型
ParentNode	获取该结点（对于可以具有父级的结点）的父级
Value	获取或设置结点的值

表 7-4　XmlDocument 的主要方法

方　　法	说　　明
AppendChild	将指定的结点添加到该结点的子结点列表的末尾
Clone	创建此结点的一个副本
CreateAttribute(String)	创建具有指定 Name 的 XmlAttribute
CreateAttribute(String, String)	创建具有指定限定名和 NamespaceURI 的 XmlAttribute
CreateAttribute(String, String, String)	创建一个具有指定的 Prefix、LocalName 和 NamespaceURI 的 XmlAttribute
CreateComment	创建包含指定数据的 XmlComment
CreateDefaultAttribute	创建具有指定前缀、本地名称和命名空间 URI 的默认特性
CreateDocumentType	返回新的 XmlDocumentType 对象
CreateElement(String)	创建具有指定名称的元素
CreateNode(String, String, String)	创建具有指定的结点类型、Name 和 NamespaceURI 的 XmlNode
CreateNode(XmlNodeType, String, String)	创建一个具有指定的 XmlNodeType、Name 和 NamespaceURI 的 XmlNode
CreateNode(XmlNodeType, String, String, String)	创建一个具有指定的 XmlNodeType、Prefix、Name 和 NamespaceURI 的 XmlNode
CreateTextNode	创建具有指定文本的 XmlText
CreateXmlDeclaration	创建一个具有指定值的 XmlDeclaration 结点
GetType	获取当前实例的 Type
InsertAfter	将指定的结点紧接着插入指定的引用结点之后
InsertBefore	将指定的结点紧接着插入指定的引用结点之前

(续)

方法	说明
Load(Stream)	从指定的流加载 XML 文档
LoadXml	从指定的字符串加载 XML 文档
ReadNode	根据 XmlReader 中的信息创建一个 XmlNode 对象。读取器必须定位在结点或特性上
Save(String)	将 XML 文档保存到指定的文件
SelectNodes(String)	选择匹配 XPath 表达式的结点列表(继承自 XmlNode)
SelectNodes(String, XmlNamespaceManager)	选择匹配 XPath 表达式的结点列表。XPath 表达式中的任何前缀都使用提供的 XmlNamespaceManager 进行解析(继承自 XmlNode)
SelectSingleNode(String)	选择匹配 XPath 表达式的第一个 XmlNode(继承自 XmlNode)

XmlDocument 把信息保存为树的结点，结点是 XML 文件的基本组成部分，它可以是一个元素、属性、注释或者元素的一个值。每个单独的 XmlNode 对象代表一个结点，同一层次的 XmlNode 对象放在 XmlNodeList 集合中。可使用 XmlDocument.ChildNodes 属性获取第一层结点。在本节的示例中该属性提供对 XML 文档中的注释和 <Order> 元素的访问。

在前一节示例的窗体中增加一个新的按钮"XmlDocument 读取"，按钮的 ID 设置为 "btnXmlDoc"，建立单击事件处理 btnXmlDoc_Click，该程序代码如下：

```
protected void btnXmlDoc_Click(object sender, EventArgs e)
{
    string xmlFile = Server.MapPath("demo.xml");
    XmlDocument doc = new XmlDocument();    //创建 XmlDocument 对象
    doc.Load(xmlFile);                       //从文件中读取 XML 数据
    StringBuilder str = new StringBuilder();
    XmlNodeList listNode = doc.SelectSingleNode("Order").ChildNodes;  //获取 Order结点下的所有结点
    for (int i = 0; i < listNode.Count; i++)    //XmlNodeList 不支持 foreach 遍历，只能用 for
    {
        str.Append(listNode[i].Name + ":" + listNode[i].InnerText);    //输出结点名称和内容
    }
    Response.Write(str);
}
```

以上代码中，通过 SelectSingleNode 来获取根元素，利用循环，依次输出各子结点的名称和内容字符串，其运行结果如图 7-3 所示。

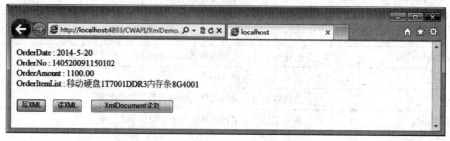

图 7-3　读取内容运行结果

7.3.2 XDocument 类

XDocument 类是管理内存中 XML 所有功能的模型,它擅长构建 XML 内容,非常适合需要以非线性的方式生成 XML 的需求。例如,需要把一系列元素写到根元素中,然后又要在这些元素里添加更多信息,就需要使用 XDocument 这样的内存类。要使用 XDocument 类需要添加 System.Xml.Linq 的引用。XDocument 类的主要属性和方法见表 7-5 和表 7-6 所列。

表 7-5 XDocument 类的主要属性

属 性	说 明
Declaration	获取或设置此文档的 XML 声明
Document	获取此 XObject 的 XDocument
DocumentType	获取此文档的文档类型定义(DTD)
FirstNode	获取此结点的第一个子结点
LastNode	获取此结点的最后一个子结点
NextNode	获取此结点的下一个同级结点
NodeType	获取此结点的结点类型
Parent	获取此 XObject 的父级 XElement
PreviousNode	获取此结点的上一个同级结点
Root	获取此文档的 XML 树的根元素

表 7-6 XDocument 类的主要方法

方 法	说 明
Load(Stream)	使用指定的流创建一个新的 XDocument 实例
Load(String)	从文件创建新 XDocument
Parse(String)	从字符串创建新 XDocument
Parse(String, LoadOptions)	从字符串创建新 XDocument,还可以选择保留空白和行信息以及设置基 URI
Save(String)	序列化此 XDocument 到文件,如果该文件存在,则覆盖现有的文件
WriteTo	将此文档写入 XmlWriter

在前一节的窗体中增加一个名称为"XDocument 生成 XML"按钮,将 ID 设置为 btnXDoc,建立相应的单击处理函数 btnXDoc_Click,其程序代码如下:

```
protected void btnXDoc_Click(object sender, EventArgs e)
{
    XDocument doc = new XDocument(
        new XDeclaration("1.0", "utf-8", "yes"),      //创建 XML 声明
        new XComment("XML 示例"),                      //创建注释
        new XElement("Order",                          //创建根结点
            new XElement("OrderDate", "2014-5-20"),    //创建 OrderDate 子结点
            new XElement("OrderNo", "140520091150102"),
            new XElement("OrderAmount", "1100.00"),
            new XElement("OrderItemList",
```

```
                new XElement("OrderItem",
                    new XElement("ProductName","移动硬盘"),
                    new XElement("ProductMode","1T"),
                    new XElement("Prince","700"),
                    new XElement("Quantity","1")
                ),
                new XElement("OrderItem",
                    new XElement("ProductName","DDR3 内存条"),
                    new XElement("ProductMode","8G"),
                    new XElement("Prince","400"),
                    new XElement("Quantity","1")
                )
            )
        )
    );
    doc.Save(Server.MapPath("doc.xml"));//保存 XML 文档
}
```

也可以采用下面的方式来创建 XML：

```
……
XDocument xDoc = new XDocument();        //创建一个根结点,定义结点名字 Order
XElement xEle = new XElement("Order");
xDoc.Add(xEle);                          //添加到 XML 文档中

XElement xEleDate = new XElement("OrderDate","2014-5-20");
XElement xEleNo = new XElement("OrderNo","140520091150102");
XElement xEleAmount = new XElement("OrderAmount","1100.00");
XElement xEleList = new XElement("OrderItemList");
xEle.Add(xEleDate,xEleNo,xEleAmount,xEleList);   //增加到 Order 结点下
……
```

7.4 对象的 XML 序列化与反序列化

.Net Framework 提供了对应的 System.Xml.Seriazliation.XmlSerializer，负责把对象序列化到 XML，和从 XML 中反序列化为对象。Serializer 的使用比较直观，需要多注意的是 XML 序列化相关的 Attribute，怎么把这些 Attribute 应用到对象以及对象公共属性上面，生成满足预期格式的 XML。

要使用序列化功能需要添加 System.Xml.Serialization 的引用。本节的示例中使用了 MemoryStream 类，需加入对 System.IO 的引用。

7.4.1 定义 OrderItem 和 Order 类

默认情况下，XML 元素名称由类或成员名称确定。在名为 OrderItem 的简单类中，字段 ProductName 将生成 XML 元素标记 <ProductName>。若要重新命名元素，可以更改这种默认行为，通过属性控制可以实现此目的。常用的属性控制参见如下代码及说明：

```
[XmlRootAttribute("Order", Namespace = "a.com", IsNullable = false)]    //类为Xml根
结点时,设定根结点名
[XmlAttribute("Color")]        //表现为Xml结点属性,如<...Color="..."/>
[XmlElementAttribute("OrderDate", IsNullable = false)]        // 表现为Xml结点  <
OrderDate >…
[XmlArrayAttribute("OrderList")]    //表现为Xml层次结构,根为OrderList,所属的每个
该集合结点元素名为类名
[XmlIgnoreAttribute]      //忽略该元素的序列化
```

为实现类的序列化和反序列化首先需要定义类,OrderItem的类的定义代码如下,类的名称及属性的名称均与XML中的结点元素名称一致,所以不用单独设置属性控制。

```
public class OrderItem
{
    public string ProductName { get; set; }
    public string ProductMode { get; set; }
    public float Prince { get; set; }
    public float Quantity { get; set; }
}
```

Order类的定义代码如下,通过XmlRootAttribute定义了根结点的名称为Order,命名空间为demo.com,IsNullable设置为false表示不将null序列为元素。XmlElementAttribute属性定义了类中的成员Date,序列化时元素的名称为"OrderDate";XmlArray属性定义了成员List,序列化时元素名称为"OrderList"。

```
[XmlRootAttribute("Order", Namespace = "demo.com", IsNullable = false)]
public class Order
{
    [XmlElementAttribute("OrderDate", IsNullable = false)]
    public DateTime Date { get; set; }
    public string OrderNo { get; set; }
    public float OrderAmount { get; set; }

    [XmlArray("OrderList")]
    public List<OrderItem> List;
}
```

7.4.2 对象序列化为XML

在前一节示例的窗体中添加一个名称为"类序列化XML"的按钮,ID设置为"Button1",单击事件处理函数为Button1_Click,编写如下代码:

```
protected void Button1_Click(object sender, EventArgs e)
{
    Order myorder = new Order();       //创建Order类的对象myorder,并设置初始值
    myorder.Date = DateTime.Now;
    myorder.OrderNo = "140520091150102";
    myorder.OrderAmount = 1100.00f;
```

```csharp
OrderItem item = new OrderItem();    //创建第一个商品对象
item.ProductName = "移动硬盘";
item.ProductMode = "1T";
item.Prince = 700.00f;
item.Quantity = 1;

OrderItem item2 = new OrderItem();  //创建第二个商品对象
item2.ProductName = "DDR3 内存条";
item2.ProductMode = "8G";
item2.Prince = 400.00f;
item2.Quantity = 1;

myorder.List = new List<OrderItem>();    //创建商品列表对象
myorder.List.Add(item);  //列表中加入第一个商品对象
myorder.List.Add(item2); //列表中加入第二个商品对象

string xml = string.Empty;//xml 用于存放生成的 xml
XmlSerializer xmlSerializer = new XmlSerializer(typeof(Order)); //创建序列化对象
using (MemoryStream ms = new MemoryStream())//创建内存流对象
{
    xmlSerializer.Serialize(ms, myorder); //将对象 myorder 序列化到 ms 流中
    xml = Encoding.UTF8.GetString(ms.ToArray())  //获取 xml
}
TextBox1.Text = xml;  //用生成的 xml 字符串更新至文本框
File.WriteAllText(Server.MapPath("doc3.xml"),xml);    //写入 doc3.xml 文件
}
```

单击"类序列化 XML"按钮后，程序先创建订单对象并赋值，对象创建完成后通过 XmlSerializer 将对象序列化为 XML 并显示到网页的文本框中，运行结果如图 7-4 所示。

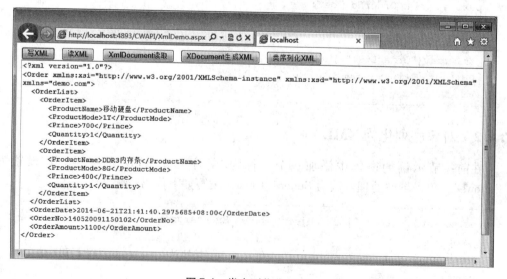

图 7-4　类序列化为 XML

7.4.3 从 XML 反序列化为对象

使用 XmlSerializer 可以很方便地将 XML 数据反序列化为对象。在前一节示例的窗体中添加一个名称为"XML 反序列化"的按钮，ID 设置为"Button2"，单击事件处理函数为 Button2_Click，编写如下代码：

```
protected void Button2_Click(object sender, EventArgs e)
{
    string xml = File.ReadAllText(Server.MapPath("doc3.xml")); //读入 XML 文件到字符串变量中
    Order od = default(Order); //定义订单对象并初始化为空
    XmlSerializer xmlSerializer = new XmlSerializer(typeof(Order));
    using (Stream xmlStream = new MemoryStream(Encoding.UTF8.GetBytes(xml)))
    { //创建 xmlStream 对象
        using (XmlReader xmlReader = XmlReader.Create(xmlStream))
        {
            od = (Order)xmlSerializer.Deserialize(xmlReader); //反序列化为对象 od
        }
    }
    TextBox1.Text = "订单号:" + od.OrderNo + ",订单金额:" + od.OrderAmount.ToString() + "\n\n";
    foreach( OrderItem item in od.List )
    {//遍历商品清单中的所有对象
        TextBox1.Text += "商品名称:" + item.ProductName ;  //显示商品清单中的商品名称
        TextBox1.Text +=",单价:" + item.Prince.ToString() + "\n\n";
    }
}
```

首先通过 File.ReadAllText 将之前生成的 XML 文档 doc3.xml 读入字符串 xml 中，然后定义订单对象 od，然后通过 MemoryStream 将 xml 文本转为流，通过 xmlSerializer.Deserialize 进行反序列化，并将返回结果转换为 Order 类的对象存入 od 中。接着通过访问对象 od，输出部分信息，其运行结果如图 7-5 所示。

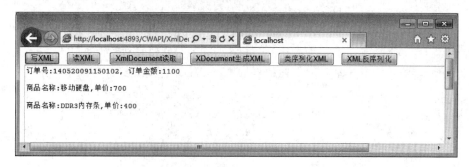

图 7-5 从 XML 反序列化为对象的运行结果

本章小结

本章详细介绍了 ASP.NET 中常用的 XML 处理方法。通过举例，让读者了解如何生成和读取 XML

文档，如何通过序列化和反序列化实现对象和 XML 之间的转换。通过本章的学习，读者应掌握 XML 的基本编程技能。

习　题

1. 新建一个名为 cd.xml 的文档，具体内容如下：

```
<? xml version = "1.0" encoding = "ISO-8859-1"? >
<! --Edited with XML Spy v2007 (http://www.altova.com) -->
< CATALOG >
  < CD >
        < TITLE > Empire Burlesque </TITLE >
        < ARTIST > Bob Dylan </ARTIST >
        < COUNTRY > USA </COUNTRY >
        < COMPANY > Columbia </COMPANY >
        < PRICE > 10.90 </PRICE >
        < YEAR > 1985 </YEAR >
  </CD >
  < CD >
        < TITLE > Hide your heart </TITLE >
        < ARTIST > Bonnie Tyler </ARTIST >
        < COUNTRY > UK </COUNTRY >
        < COMPANY > CBS Records </COMPANY >
        < PRICE > 9.90 </PRICE >
        < YEAR > 1988 </YEAR >
  </CD >
</CATALOG >
```

2. 建立一个 XmlReader.aspx 页面，使用 XmlReader 读取"cd.xml"信息。
3. 建立一个 XmlDocument.aspx 页面，使用 XmlDocument 读取"cd.xml"信息。
4. 定义 Catalog 和 CD 类，通过 xmlSerializer 类实现对象的序列化与反序列化。

第8章 Web 服务

本章学习目标

本章介绍 ASP.NET Web Service 的基本概念、Web Service 服务的创建及引用。通过本章的学习,读者应该掌握以下内容:
- 了解 Web Service 的基本概念。
- 掌握创建 Web Service 的基本方法。
- 掌握引用 Web Service 的基本方法。

8.1 Web Service 的基本概念

Web 服务(Web Service)又称 XML Web Service,是一种可以接收及响应从 Internet 或者 Intranet 上的其他系统中传递过来的请求的、轻量级的、独立的通信技术。

在实际应用中,特别是大型企业,数据常来源于不同的平台和系统。Web 服务为这种情况下的数据集成提供了一种便捷的方式。通过访问和使用远程 Web 服务可以访问不同系统中的数据,使用 Web 服务,Web 应用程序不仅可以共享数据,还可以调用其他应用程序来处理数据,而不用考虑其他应用程序的实现细节。目前很多银行与企业的接口都采用 Web 服务技术实现银企互联。

Web Service 最基本的组成部分为:服务的提供者(Service Provider)和服务的请求者(Service Requester)。这看起来很像 C/S 架构的软件,与之不同的是,Web Service 两端的应用是通过标准的 XML(可扩展标记语言)格式的协议进行通信的,这种最常用的协议就是简易对象访问协议(Simple Object Access Protocol,SOAP)。

按照 Web Service 的相关标准描述,服务的提供者应该首先通过网络服务描述语言(Web Service Definition Language,WSDL)和通用描述、发现与集成服务(Universal Description,Discovery and Integration,UDDI)发布它所提供的服务到一个商用注册网站。这样,服务的请求者就可以通过 WSDL 和 UDDI 发现服务提供者所提供的服务,并可以通过应用相关的调用方法来使用这个服务。Web Service 通过 SOAP 在 Web 上提供的软件服务,使用 WSDL 文件进行说明,并通过 UDDI 进行注册。下面对 Web Service 的基本概念进行说明。

(1) XML

可扩展标记语言是 Web Service 平台中表示数据的基本格式。它的内容与表示的分离十分理想,除了易于建立和易于分析外,XML 主要的优点在于它既与平台无关,又与厂商无关,这种无关性比技术优越性更重要。

(2) SOAP

简单对象访问协议是 XML Web Service 的通信协议。当服务请求者通过 UDDI 获取相关 WSDL 描述文档后,就可以通过 SOAP 调用所建立的 Web 服务中的一个或多个操作。SOAP 是 XML 文档形式的调用方法的规范,它可以支持不同的底层接口,例如 HTTP(S)或者 SMTP。

(3) WSDL

WSDL 是一种使用 XML 编写的文档,这种文档可描述某个 Web service。它可规定服务的位置,以及此服务提供的操作(或方法)。当开发的 Web Service 需要发布时,非正式的方法可能会编写一套文档,甚至可能会口头上告诉需要使用 Web Service 的开发者其相关功能和函数调用方法,但这种方法至少有一个严重问题:开发者想用开发工具(如 Visual Studio)使用 Web Service 的时候,这些工具并不了解 Web Service 的相关信息。解决方法是用机器能阅读的方式提供一个正式的描述文档。Web Service 描述语言(WSDL)就是这样一个基于 XML 的语言,用于描述 Web Service 及其函数、参数和返回值。因为是基于 XML 的,所以描述的 Web Service 是机器可阅读的,又是人可理解的,一些最新的开发工具既能根据用户的 Web Service 生成 WSDL 文档,又能导入 WSDL 文档,生成调用相应 Web Service 的代码。

(4) UDDI

UDDI 主要提供基于 Web 服务的注册和发现机制。在用户能够调用 Web 服务之前,必须确定这个服务内包含哪些商务方法,找到被调用的接口定义,还要在服务器端来编制软件,UDDI 就是一种根据描述文档来引导系统查找相应服务的机制。UDDI 利用 SOAP 消息机制(标准的 XML/HTTP)来发布、编辑、浏览以及查找注册信息。它采用 XML 格式来封装各种不同类型的数据,并且发送到注册中心或者由注册中心来返回需要的数据。

8.2 创建 Web Service

8.2.1 创建基本的 Web Service

Visual Studio 2010 默认采用的框架为 .NET Framework4,具体创建方法如下:

(1)打开已经建好的网站项目,在解决方案资源管理器中的项目名称上右击,选择"添加新项"菜单项,如图 8-1 所示。

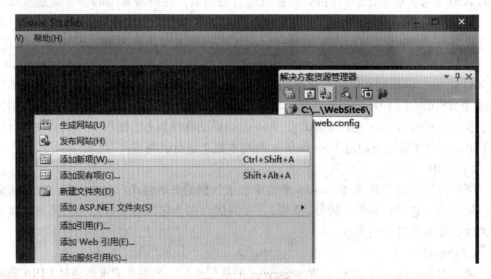

图 8-1 添加新项

(2)选择左侧的"Visual C#"然后选择"Web 服务",将名称更改为自己的文件名,单击"添加"按钮建立一个新的 Web Service 服务。本例中取名为 DemoWeb Service, 如图 8-2 所示。

图 8-2 添加 Web 服务

（3）Web Service 默认服务器端的文件扩展名为 .asmx, 所以新创建的项由两个文件组成，一个名为 DemoWebService.asmx, 相关的代码文件存放于 App_Code 文件夹, 文件名为 DemoWebService.cs。系统默认打开代码文件, 如图 8-3 所示。

图 8-3 新建项 DemoWeb Service 的代码

代码中可以通过修改 Namespace 属性更改默认的 XML 命名空间, http://tempuri.org/ 可用于正在开发中的 Web Service, 已发布的 Web Service 应使用更具有永久性的命名空间, 如设置为 http://www.microsoft.com。

8.2.2 转换低版本 .Net Framework 创建的 Web Service

如果采用 .NET2.0/3.0/3.5 创建了 Web Service, 需要使用 .NET Framework4.0 的新特性, 可在项目属性窗口或者网站属性窗口的 Build 选项卡中设置 .NET Framework4.0。转换的具体方法如下：

（1）打开项目, 在解决方案管理器中找到网站项目, 在项目名称的快捷菜单中选择"属性页", 如图 8-4 所示。

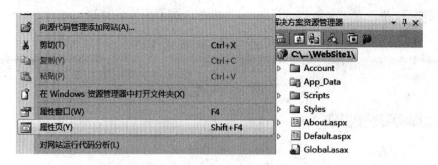

图 8-4　在项目名称快捷菜单中的属性页菜单项

（2）在属性页的左侧选择"生成"项，在"目标"下拉列表框中选择 .NET Framework4.0，最后单击"应用"按钮，在弹出的对话框中选择"是"，如图 8-5 所示。由此即完成了版本转换。

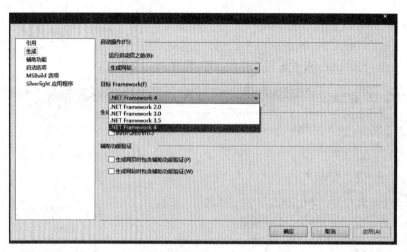

图 8-5　设置目标 Framework

8.3　运行 Web Service 服务

刚建立的 DemoWeb Service 仅是一个类似语言入门教程中的 Hello World 程序，并没有具体的功能，该 Web Service 仅有一个名称为 HelloWorld 的服务，该服务仅具有返回"Hello World"字符串的功能。

运行刚建立的 Web Service，可单击开发环境中的启动调试工具（或按 F5）。启动调试后 Visual Studio 会调用默认浏览器访问 DemoWebService.asmx，此时网页显示仅有的一个"HelloWorld"的操作方法，如图 8-6 所示。

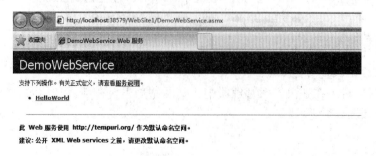

图 8-6　运行 DemoWebService

在页面中单击"HelloWorld"链接，会跳转到 HelloWorld 测试页面，如图 8-7 所示。

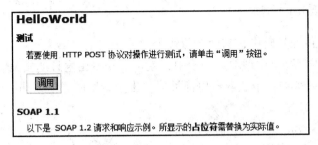

图 8-7 HelloWorld 测试页面

单击"调用"按钮，屏幕上输出了 XML 格式的数据，其中有"Hello World"的字符串，如图 8-8 所示。

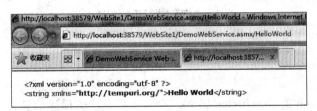

图 8-8 DemoWebService 调用输出结果

8.4 定义 Web Service 的方法

之前建立的 Web Service 仅具有一个显示"Hello World"字符串的基本功能，如果需要增加其他功能则需要编写程序。下面通过一个按 18 位居民身份证号码来获取出生年月和性别的实例，来讲解如何定义 Web Service 中的方法。

8.4.1 HelloWorld 方法

打开之前创建的 Web Service 服务的源代码文件 DemoWebService.cs，源码中有如下代码，定义了 HelloWorld 方法，该方法仅有一个返回字符串的功能：

```
[WebMethod]
public string HelloWorld() {
    return "Hello World";
}
```

［WebMethod］方法表示可以通过 Web 服务调用此方法，WebMethod 具有 6 个属性，见表 8-1 所列。

表 8-1 WebMethod 的属性

属 性	说 明
Description	是对 Web Service 方法描述的信息。调用者可以看见该功能注释
EnableSession	指示 Web Service 是否启动 Session 标志，主要通过 Cookie 完成，默认值为 false
MessageName	实现方法重载后的重命名
TransactionOption	指示 XML Web Services 方法的事务支持
CacheDuration	Web 支持输出高速缓存，这样 Web Service 就不需要执行多遍，可以提高访问效率，而 CacheDuration 就是指定缓存时间的属性
BufferResponse	配置 Web Service 方法是否等到响应被完全缓冲完，才发送信息给请求端

8.4.2 getBirthday 方法

在 18 位的身份证号码中，前面 6 位代表户籍所在地，第 7 到第 14 位代表出生年月日，从身份证号码字符串中截取这一子串，就可以获得出生日期相关信息。下面的示例为 DemoWebService 增加一个获取身份证号码中出生日期的方法，功能的名称为 getBirthday。

在 DemoWebService.cs 中增加以下程序代码：

```
[WebMethod (Description = "获取出生日期")]
  public string getBirthday( string  IDcard_Number){
    string  year  = IDcard_Number.Substring(6,4);   //获取第 6~10 位的年份
    string  month = IDcard_Number.Substring(10,2);  //获取第 10~11 位的月份
    string  date  = IDcard_Number.Substring(12,2);  //获取 第 12~13 位的日期
    return  year + "年" + month + "月" + date +"日";
}
```

通过 WebMethod 的 Description 属性，定义了新方法的描述信息为"获取出生日期"。定义了方法的名称为 getBirthday，该方法有一个名称为 IDcard_Number 的字符串参数，该参数用于传递一个 18 位的身份证号码。

实现部分通过 Substring 方法截取特定的子串，分别获取证件号码中的年、月、日字符串，最后将各字符串组合为特定的日期格式串并返回。

8.4.3 getSex 方法

18 位身份证号码中的第 15 到第 17 位为性别标志位，其值为偶数时表示性别为"女"，为奇数时表示性别为"男"。

在 HelloWord 方法定义的下方增加以下程序代码：

```
[WebMethod(Description = "获取性别")]
public  string  getSex(string IDcard_Number)
{
   string sex = IDcard_Number.Substring(14,3);  //获取判别性别的子串
    int result = int.Parse(sex) % 2;              //字符串转换为整数，求模 2 的余数
    return  result ==0 ? "女" : "男";              //余数为 0 返回"女"否则返回"男"
}
```

通过 WebMethod 的 Description 属性，定义了新方法的描述信息为"获取性别"。定义了方法的名称为 getSex，该方法有一个名称为 IDcard_Number 的字符串参数，该参数用于传递一个 18 位的身份证号码。

实现部分通过 Substring 方法截取 18 位身份证号码字符串中的性别标志子串，然后将其转换为整数并进行模 2 的运算，结果存放于整型变量 result 中，最后通过判断 result 变量是否为 0 来返回相应性别的中文描述字符串。

8.4.4 测试自定义方法

为了测试自定义的方法，在开发环境中启动程序的调试，基本步骤如下：

（1）启动调试后浏览器会显示 3 个方法：HelloWorld、新添加的 getBirthday 和 getSex 方法，如图 8-9 所示。

（2）单击"getBirthday"链接，在 getBirthday 测试页面中输入一个用于测试的 18 位身份证号码，如图 8-10 所示。

图 8-9　启动调试　　　　　　　　　图 8-10　测试身份证号码

（3）单击"调用"按钮，该方法会返回 XML 的运行结果，在浏览器中可看到返回的身份证号码中的中文日期，如图 8-11 所示。

（4）单击 getSex 方法进入测试页面，在文本框中输入一个测试的身份证号码，单击"调用"按钮同样可得到该方法返回的 XML 数据，如图 8-12 所示。

 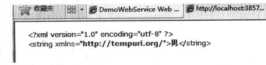

图 8-11　测试结果　　　　　　　　　图 8-12　测试结果

8.5　通过 ASP.NET 调用 Web Service

由于是在本机上测试，服务器和客户端都是同一台计算机，而在实际情况中，服务器和客户端一般不是同一台机器，而且服务器端会提供接口地址，客户端只需调用接口即可，不需要知道服务提供端是如何实现的。

使用时需要先在项目中添加 Web 引用，然后就可以调用 Web Service 公开的任何方法。本节讲解的是一个简单的例子，复杂的程序也遵循同样的原理。

8.5.1　添加 Web 引用

基本步骤如下：

（1）通过 Visual Studio 打开之前编写并调试好的服务器端项目 DemoWeb Service，并启动调试。这时浏览器地址栏中显示的地址就是当前网站中的 Web Service 服务接口地址，暂时不要关闭它，后面引用的时候需要用到，如图 8-13 所示。

本例中的地址为 http://localhost:27102/WebSite1/DemoWeb Service.asmx。

图 8-13　获得 Web Service 服务的接口地址

(2) 重新启动一个新的 Visual Studio2010 窗口，新建一个基于 .NET Framework4.0 的"ASP.NET"网站，如图 8-14 所示。

图 8-14　新建 ASP.NET 网站

(3) 通过解决方案管理器中网站名称的快捷菜单，选择"添加 Web 引用"菜单项。输入 DemoWebService 接口的引用地址，本例为 http://localhost:27102/WebSite1/DemoWebService.asmx。单击右侧箭头后转"添加 Web 引用"页面，如图 8-15 所示，在"Web 引用名(N)"中更改名称，本例中更改名称为"myWebService"。

(4) 单击"添加引用"按钮，网站项目中会增加一些文件，如图 8-16 所示。

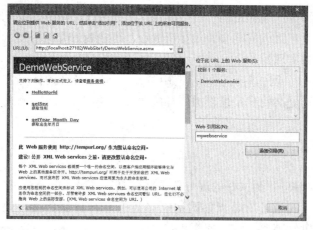

图 8-15　添加引用　　　　　　　图 8-16　添加引用增加的文件

8.5.2　客户端调用 Web Service

基本步骤如下：

(1) 在刚建好的网站下切换至"Default.aspx"文件的"设计"模式下，拖入 3 个文本框控件和 1 个按钮控件，设置相关的标签内容，如图 8-17 所示。

第8章 Web 服务

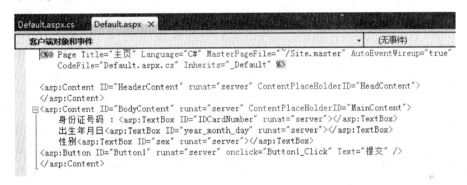

图 8-17 客户端界面设计

（2）修改第一个文本框控件的"ID"属性为"IDCardNumber"，修改第二个文本框控件的"ID"属性为"year_month_day"，修改第三个文本框控件的"ID"属性为"sex"，修改按钮控件的"Text"属性为"提交"。

（3）双击"提交"按钮，建立按钮的单击事件处理函数 Button1_Click。此时 Default.aspx 的源代码如图 8-18 所示。

图 8-18 Default.aspx 源代码界面

（4）切换到"Default.cs"代码文件，接下来编写后台代码，在后台代码中添加如下代码：

```
protected void Button1_Click(object sender, EventArgs e)
{
  //创建一个 DemoWebService 实例 myWebSvr
myWebService.DemoWebService myWebSvr = new myWebService.DemoWebService();
if (IDCardNumber.Text ! = "" && IDCardNumber.Text.Length = = 18)
  {
     //调用 getBirthday 方法获取证件号码中的出生日期,并显示在 year_month_day 控件中
    year_month_day.Text = myWebSvr.getBirthday(IDCardNumber.Text);

     //调用 getSex 方法获取证件号码中的性别,并显示在 sex 控件中
sex.Text = myWebSvr.getSex(IDCardNumber.Text);
}
else
{
```

```
        //身份证号输入为空或长度不等于18位
    IDCardNumber.Text = "输入身份证号码不符合!";
    }
}
```

(5) 启动调试，在浏览器第一个文本框控件中输入一个18位的身份证号码，如图8-19所示。

(6) 单击"提交"按钮，此时会调用相关的Web Service，通过传递将输入的身份证号码获得处理的结果并显示出来，如图8-20所示。

图 8-19　输入测试数据 　　　　　　　图 8-20　测试结果

本章小结

本章详细介绍了 ASP.NET 中 Web Service 的相关概念，服务器端 Web Service 的创建及客户端 Web Service 的引用。通过举例，让读者了解如何建立 Web Service 并添加相应的方法，客户端如何引用 Web Service，及通过调用相应方法获得返回的数据。通过本章的学习，读者应掌握 Web Service 的基本编程技能。

习　题

在习题六的基础上，为通讯录管理程序增加 Web Service。提供一个方法：通过给定的电话号码返回相应的姓名 getNameByPhone(string phone)，并创建另一个引用该 Web Service 的项目，创建一个窗体可供用户输入电话号码并通过该 Web Service 获取对应的用户姓名。

▶▶▶ 第9章 ASP.NET 网站项目环境配置与部署

本章学习目标

本章介绍 ASP.NET 网站项目的环境配置，主要是 IIS 的安装与配置，以及 ASP.NET 网站项目的部署。通过本章的学习，读者应该掌握以下内容：
- 了解 IIS 的安装与配置。
- 掌握 ASP.NET 网站项目的部署。

9.1 IIS Web 服务器的安装与配置

9.1.1 Win7 上安装 IIS

默认情况下，Windows7 安装时不会自动安装 IIS，只能手动安装，具体步骤如下：

（1）打开 Windows7 控制面板，单击"程序"→"程序和功能"命令，在弹出的"程序和功能"窗口中单击左侧的"打开或关闭 Windows 功能"超链接，如图 9-1 所示。

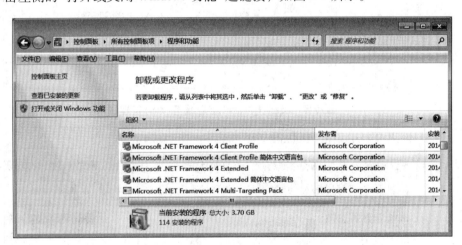

图 9-1 打开和关闭 Windows 功能

（2）弹出"Windows 功能"窗口，从中选择需要的功能，用户可以根据自己的实际情况选择，一般情况下可按图 9-2 选择。

（3）单击"确定"按钮，进行安装。

9.1.2 IIS 7 物理路径配置

基本步骤如下：

（1）进入配置界面。进入控制面板，单击"管理工具"，在弹出的"管理工具"窗口中双击"Internet 信息服务(IIS)管理器"选项，如图 9-3 所示。

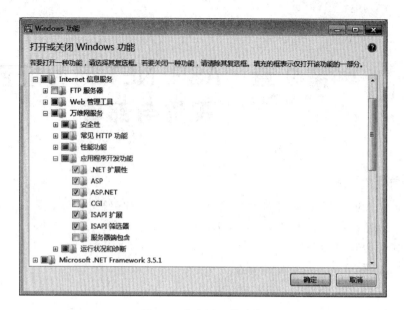

图 9-2　选中需要的功能

图 9-3　双击"Internet 信息服务(IIS)管理器"选项

(2)弹出窗口中单击"Default Web Sites",如图 9-4 所示。

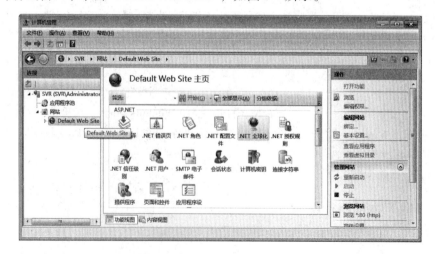

图 9-4　IIS 配置界面

(3)基本设置用于设置网站的物理路径,界面如图 9-5 所示。可以单击"选择"按钮更改应用程序池。可以指定网站的根目录的物理路径。

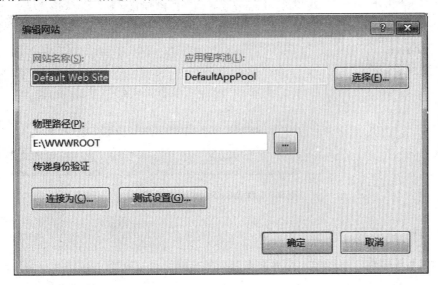

图 9-5　IIS 基本设置

9.1.3　网站绑定

通过网站绑定可以在一台计算机的同一端口配置多个网站,可以通过不同的域名来访问不同的站点。基本步骤如下:

(1)在"Internet 信息服务(IIS)管理器"窗口选中要配置的网站,单击右侧的"绑定…"链接,安装 IIS 后的默认站点 Default Web Site 的网站绑定设置如图 9-6 所示。

图 9-6　默认网站的绑定配置

(2)新建一个网站,命名为 Demo,该网站的绑定设置如图 9-7 所示。两个网站均在计算机的 TCP 80 端口提供网站服务功能,当通过 demo.asp.com 访问时会返回 Demo 网站的内容,通过 IP 地址或其他域名访问会返回 Default Web Site 网站的内容。这样就可以在一台计算机的同一个端口上部署多个网站了。

图 9-7　Demo 网站的绑定配置

9.1.4　IIS 应用程序池

在 IIS 7 中添加一个应用程序或者单独的网站时，默认会自动新建一个对应的"应用程序池"，这也是 IIS 7 的一大特色。

在早期的 IIS 5.0 中，在实质上只有一个应用程序池的情况下，所有的网站（或者虚拟目录下的应用程序）都"寄居"在一个"池"当中，如果这个"池"崩溃了，所有的网站都会受到影响。后来的 IIS 6 中，有了"应用程序池"的概念，但是默认不会自动添加，IIS 管理员可以手动去添加配置，这样使得 IIS 具有很强的隔离性。

应用程序池的优点有：

①服务器和应用程序性能　对于占用大量资源的应用程序，可以将其分配给它们自己的应用程序池，以免影响其他应用程序的性能。

②可用性　如果一个应用程序池中的应用程序发生故障，将不会影响其他应用程序池中的应用程序。

③安全性　通过隔离应用程序，可以降低一个应用程序访问其他应用程序资源的几率。

应用程序池管理界面如图 9-8 所示。

图 9-8　IIS 应用程序池

在 IIS 7 中，应用程序池有两种运行模式：集成模式和经典模式。应用程序池模式会影响服务器处理托管代码请求的方式。如果托管应用程序在采用集成模式的应用程序池中运行，服务器将使用 IIS 和 ASP.NET 的集成请求处理管道来处理请求。但是，如果托管应用程序在采用经典模式的应用程序池中运行，服务器会继续通过 Aspnet_isapi.dll 路由托管代码请求，其处理请求的方式就像应用程序在 IIS 6.0 中运行一样。应用程序池基本设置界面如图 9-9 所示。

大多数托管应用程序应该都能在采用集成模式的应用程序池中成功运行，但为实现版本兼容，有时也需要以经典模式运行。应该先对集成模式下运行的应用程序进行测试，以确定是否真的需要采用经典模式。

图 9-9 IIS 应用程序池基本设置界面

9.2 网站发布

在程序开发和调试完毕后就可以正式上线或者对外开放。具有 Web 开发经验的程序员只要把文件复制到服务器上，再将数据导入数据库即可。但很多情况下需要客户自己将产品下载后安装，因此要提供一个自动化的安装程序让产品能自动部署。

在 Visual Studio 2010 中，可以采用 3 种方法部署 ASP.NET 应用程序，分别是：使用复制网站工具部署站点、使用发布网站工具部署站点、创建安装包部署站点。

9.2.1 复制网站

通过使用复制网站工具可将 Web 站点的源文件复制到目标站点来完成部署。使用复制站点工具可以创建任何类型的站点，包括本地站点、IIS 站点、远程站点和 FTP 站点，并在这些站点之间复制文件。该方法还支持同步功能，可用于检查源站点和目标站点上的文件，确保所有文件都是最新的。

在 Visual Studio 2010 中打开要部署的 Web 站点，选择"网站"→"复制网站"命令，如图 9-10 所示，打开复制网站工具窗口，如图 9-11 所示。

图 9-10 选择"复制网站"菜单项

复制网站工具非常类似于 FTP 文件上传软件，第一行区域用于设定连接的目标站点，下面左侧为源站点目录及文件，右侧为远程网站（目标网站）。

要复制网站文件，必须先连接到目标网站。单击第一行的"连接"按钮，弹出"打开网站"对话框，可以指定目标站点。目标站点的类型有以下 4 种：

① 文件系统 这个选择可以在计算机的文件浏览器视图中导航。如果要在远程服务器上进行安装，就必须将服务器的安装目录映射为本机的一个驱动器。

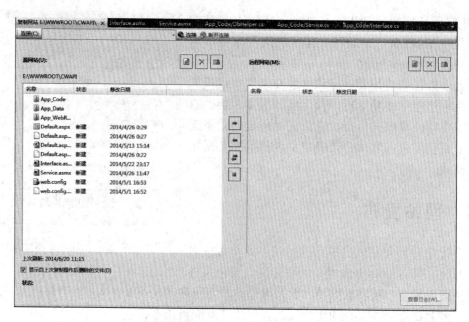

图 9-11　复制网站工具窗口

② 本地 IIS　在安装 WEB 应用程序时使用本地 IIS。可以直接新建、删除应用程序和虚拟目录，本地 IIS 选项不允许访问远程服务器上的 IIS。

③ FTP 站点　可以使用 FTP 功能连接远程服务器。可以使用 URL 或 IP 地址指定要连接的服务器。

④ 远程站点　该选项可以连接到配置有 FrontPage 服务器扩展的远程站点。可以指定或新建目标站点的 URL。

使用复制网站工具的优点如下：

① 只需将文件从源网站复制到目标计算机即可完成部署。

② 可以直接在服务器上更改网页或修改网页中的错误。

③ 如果使用的文件存储在中央服务器中的项目，可以使用同步功能确保文件的本地和远程版本保持同步。

使用复制网站工具的缺点如下：

① 网页中的错误无法及时发现，直到用户访问包含错误的网页时才会发现。

② 网站没有经过编译，当访问网页时才执行动态编译并缓存编译后的资源，因此对站点的第一次访问会比较慢。

③ 由于发布的是源代码，因此代码是公开的，可能导致代码泄漏。

9.2.2　发布网站

发布网站工具对网站中的页和代码进行预编译，并将编译器的输出写入指定的文件夹，然后可以将输出复制到目标 Web 服务器，并从目标 Web 服务器运行应用程序。

在 Visual Studio 2010 中打开要部署的 Web 站点，选择"生成"→"发布网站"菜单项，打开"发布网站"对话框，如图 9-12 所示。4 个选项的作用如下。

（1）允许更新此预编译站点

指定 .aspx 页面的内容不编译到程序集中，而是标记保留原样，只有服务器端代码被编译到程序集中，因此能够在预编译站点后更改页面的 HTML 和客户端功能。如果未选中该项，将只执行部署的预编译，页面中的所有代码都会被剥离，放在 DLL 文件

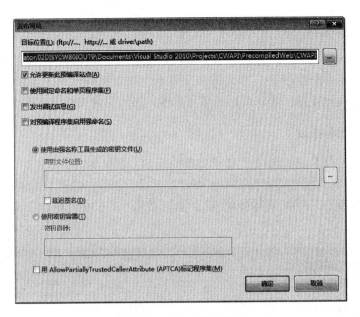

图 9-12 发布网站对话框

中，预编译站点后不能更改任何内容。

(2) 使用固定命令和单页程序集

该选项很大程度上决定了编译后网站 bin 文件夹中 DLL 的数量，若勾选本选项，则每一个页面都会被编译成独立的程序集(DLL)，如果使用了代码分离模型，并且没有勾选"允许更新此预编译站点"，则这个文件里面至少包含两个类型——页面类和代码类；若勾选了"允许更新此预编译站点"，则页面类不会在 DLL 中。若不勾选本选项，则 ASP.NET 编译工具将尝试将所有的类型打包到一个程序集中。本选项的主要用途在于增量更新，使用固定命名和单页程序集可以使得修改了某个页面后，只需要更新线上环境这个页面所对应的 DLL 即可，而不必更新整个网站。

(3) 发出调试信息

该选项控制是否为编译的 DLL 创建 pdb 文件，pdb 文件可以在出现异常时给出源代码相关的信息，一般来说就是行号和相关源代码。

(4) 对预编译程序集启用强命名

指定使用密钥文件或密钥容器，使生成的程序集具有强名称，以便对程序集进行编码并防止被恶意篡改。

网站发布完成后，由于测试环境与发布应用程序的运行环境间配置的差异，一般需要更改以下信息：

① 数据库连接字符串。
② 成员资格设置和其他安全设置。
③ 调试设置，建议关闭调试功能。
④ 跟踪，建议关闭跟踪功能。
⑤ 自定义错误。

使用发布网站工具部署站点具有以下优点：预编译过程中能及时发现编译错误，发布后单独页的初始响应速度更快，且不会随站点部署任何程序代码，防止代码泄漏。

9.2.3 打包与安装

在 Visual Studio 2010 中通过创建 Web 安装项目生成.msi 文件或其他文件(setup.exe 和 Windows 组建文件),称为 Web 安装包。将其复制到其他计算机上,运行.msi 或 setup.exe 可执行文件,通过执行一系列步骤,即可完成 Web 应用程序的安装。

9.2.3.1 创建安装项目

(1)使用 Visual Studio 2010 打开要部署的网站,在解决方案中添加一个 Web 安装项目。可在解决方案资源管理器窗口中解决方案名称上右击,选择"添加"→"新建项目",选择"其他项目类型"下的"安装和部署",然后选择"Web 安装项目",新建项目对话框如图 9-13 所示。

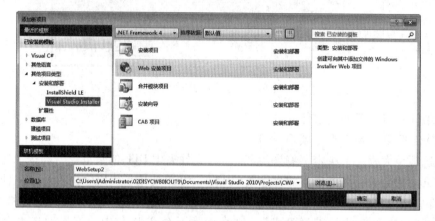

图 9-13 新建 Web 安装项目

(2)在文件系统编辑窗口中显示一个 Web 应用程序文件夹,这是要安装到目标计算机上的文件夹。第一步就是将要部署的网站添加到该文件夹中。右击 Web 应用程序文件夹,在快捷菜单中选择"添加"→"项目输出",如图 9-14 所示。

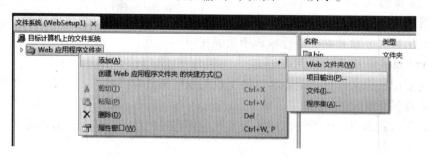

图 9-14 "项目输出"菜单项

(3)打开"添加项目输出组"对话框,如图 9-15 所示。在该对话框中可以选择要在安装程序中包含的项。这里选择当前解决方案中的网站 CWAPI,单击"确定"按钮,将该网站的所有文件都添加到安装程序中。添加的文件将会显示在"文件系统"编辑窗口中。

(4)单击解决方案资源管理器窗口中的"启动条件"编辑器按钮,如图 9-16 所示,打开启动条件编辑器,如图 9-17 所示。在该编辑器中定义了 IIS 的启动条件。

图9-15 添加项目输出组对话框

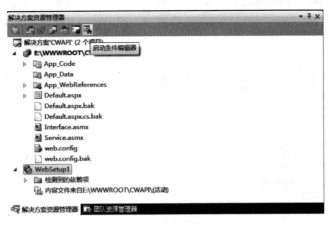

图9-16 启动条件按钮

(5) 另外还要添加一个.NET Framework 的启动条件。右击"目标计算机上的要求"结点，选择"添加.NET Framework 启动条件"命令，如图9-18 所示，将安装.NET Framework 的要求添加到启动条件中。

图9-17 启动条件编辑器

图9-18 添加.NET Framework 启动条件

由于客户的服务器中一般不会事先安装.NET Framework 组件，这样当安装包运行在未安装.NET Framework 4.0 的计算机上时可自动安装该组件。

(6) 选择"项目"→"WebSetup1 属性"命令，弹出"WebSetup1 属性页"对话框，在该对话框中单击"系统必备"按钮，打开"系统必备"对话框，如图9-19 所示。

(7) 创建好安装项目后，需要修改该安装项目的一些属性。在解决方案资源管理器窗口中选择安装项目，在其属性窗口中修改。本例中修改属性如图9-20 所示。

(8) 在 Visual Studio 2010 工具栏中选择 Release 为活动的解决方案配置，选择"生成"→"生成 WebSetup1"命令，建立安装程序。建立后在 Release 文件夹下可找到 Setup.exe 和 WebSetup1.msi 的文件以及一些组件的安装目录，通过运行 Setup.exe 即可进行安装。

图 9-19　系统必备对话框　　　　　图 9-20　安装项目属性设置

9.2.3.2　安装应用程序

（1）在目标计算机上双击"Setup.exe"文件启动应用程序的安装，首先是安装.NET Framework4.0 组件的许可协议，单击"接受"按钮，安装程序就会进行组件的安装，如图 9-21 所示。

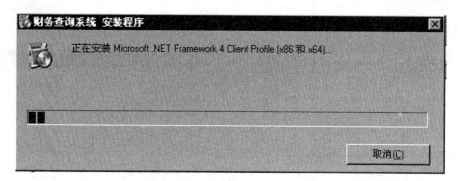

图 9-21　.NET Framework 组件安装

（2）.NET Framework 组件安装完成后，显示"欢迎使用 财务查询系统 安装向导"窗口，如图 9-22 所示。

（3）单击"下一步"按钮，进入"选择安装地址"窗口，如图 9-23 所示。在窗口中显示了要安装的站点及为所部署的 Web 应用程序创建的虚拟目录的名称，也可为应用程序选择应用程序池。

（4）单击"下一步"按钮，将出现安装进度窗口，安装成功时，将出现安装完成的界面，否则说明安装不成功。

完成应用程序安装后，可以在 IIS 的默认网站中找到 WebSetup1 的虚拟目录及应用程序文件。打开浏览器，通过访问 http://localhost/WebSetup1 即可访问该网站。

第9章 ASP.NET网站项目环境配置与部署

图 9-22 "欢迎使用 财务查询系统 安装向导"窗口

图 9-23 "选择安装地址"窗口

9.2.3.3 卸载应用程序

卸载应用程序有以下两种方法：一是重新启动.msi文件，使用"删除Web安装项目"选项进行删除；二是打开Windows控制面板，执行"程序"→"程序和功能"命令，在弹出的窗口中找到相应的应用程序名称，将其删除即可。

本章小结

本章详细介绍了ASP.NET应用程序部署的3种基本方法，及在Windows 7中安装和配置IIS 7的方法。通过举例，让读者了解如何部署ASP.NET应用程序的基本步骤。通过本章的学习，读者应该掌握Web应用程序的部署方法。

习 题

1. 使用复制网站工具将网站的源代码部署到另外一个目的地，包括文件夹、本地IIS。
2. 使用发布网站工具将网站发布到另外一个目的地。
3. 为网站添加一个Web安装项目，配置后生成一个安装，通过运行该安装包将站点部署到本地IIS中。

参考文献

1. 曾建华，等. Visual Studio 2010（C#）Web 数据库项目开发[M]. 北京：电子工业出版社，2013.
2. 刘艳丽，等. ASP.NET 4.0 Web 程序设计[M]. 北京：人民邮电出版社，2012.
3. 李斌，等. Web 应用系统开发实践（Visual C#2008）[M]. 北京：中国铁道出版社，2010.
4. 张荣梅，等. ASP.NET 网络编程实用教程（C#版）[M]. 北京：北京大学出版社，2014.
5. 杨浩，等译. ASP.NET 电子商务入门经典[M]. 北京：清华大学出版社，2003.
6. 邵鹏鸣，等. ASP.NET Web 应用程序设计及开发（C#版）[M]. 北京：清华大学出版社，2007.
7. 杨玥，等. Web 程序设计：ASP.NET[M]. 北京：清华大学出版社，2011.
8. 赵丰年，等. HTML DHTML 实用教程[M]. 北京：北京理工大学出版社，2011.
9. 陈杰华，等. JavaScript Web 开发技术[M]. 北京：清华大学出版社，2011.
10. 聂常红，等. Web 前端开发技术——HTML \ CSS \ JavaScript[M]. 北京：人民邮电出版社，2013.
11. 赵增敏，等. SQL Server2008 数据库应用技术[M]. 北京：机械工业出版社，2010.
12. 赵丰年，等. HTML & DHTML 实用教程[M]. 北京：北京理工大学出版社，2011.
13. 郝兴伟，等. Web 技术导论[M]. 北京：清华大学出版社，2009.